DUDEN
Abiturhilfen

Zellbiologie

DUDEN Abiturhilfen

MATHEMATIK

Analysis I
(11. Schuljahr)

Analysis II
(11. und 12. Schuljahr)

Analysis III
(ab 12. Schuljahr)

Stochastik I
Leistungskurs
(12./13. Schuljahr)

Stochastik II
Leistungskurs
(12./13. Schuljahr)

Lineare Algebra und analytische Geometrie I
Leistungskurs
(12./13. Schuljahr)

Lineare Algebra und analytische Geometrie II
Leistungskurs
(12./13. Schuljahr)

Lineare Algebra und analytische Geometrie
Grundkurs
(12./13. Schuljahr)

PHYSIK

Basiswissen Mathematik zur Physik
(11.–13. Schuljahr)

Mechanik I Bewegungslehre
(11. Schuljahr)

Mechanik II Erhaltungssätze
(11. Schuljahr)

Elektrizitätslehre I Felder
(12./13. Schuljahr)

GESCHICHTE

Geschichte I
(12./13. Schuljahr)

Geschichte II
(12./13. Schuljahr)

DEUTSCH

Der deutsche Aufsatz
(12./13. Schuljahr)

CHEMIE

Grundlagen der organischen Chemie
(12./13. Schuljahr)

Grundlagen der allgemeinen Chemie
(12./13. Schuljahr)

Kunststoffe, Farbstoffe, Waschmittel
(12./13. Schuljahr)

BIOLOGIE

Genetik
(12./13. Schuljahr)

Nervensystem und Sinnesorgane
(12./13. Schuljahr)

Stoffwechsel und Energieumsatz
(12./13. Schuljahr)

Zellbiologie
(12./13. Schuljahr)

ERDKUNDE

USA – UdSSR
(12./13. Schuljahr)

Die Landwirtschaft
(12./13. Schuljahr)

Entwicklungsländer
(12./13. Schuljahr)

KUNST

Kunstgeschichte I
(12./13. Schuljahr)

Kunstgeschichte II
(12./13. Schuljahr)

Weitere Bände sind in Vorbereitung

DUDEN Abiturhilfen

Zellbiologie

(12./13. Schuljahr)

Dr. Roland Klinger

Graphische Darstellungen
von Dieter Kneifel

DUDENVERLAG
Mannheim · Leipzig · Wien · Zürich

Die Deutsche Bibliothek – CIP-Einheitsaufnahme
Duden-Abiturhilfen:
[Training für Klausuren und Abitur]. –
Mannheim; Leipzig; Wien; Zürich: Dudenverl.
Biologie. Zellbiologie: (12./13. Schuljahr)/
Roland Klinger. – 1994
ISBN 3-411-04881-6

Druck: Druckhaus Langenscheidt KG, Berlin
Bindearbeit: Schöneberger Buchbinderei, Berlin
Gedruckt auf Eural Super Recyclingpapier matt gestrichen
der Papeterie Bourray, Frankreich.
Printed in Germany
ISBN 3-411-04881-6

Inhaltsverzeichnis

1. Kapitel: Einführung

1.1 Einleitung und Hinweise zur Benutzung der Abiturhilfen

Der vorliegende Band der Abiturhilfen soll bei der Abiturvorbereitung auf das Thema Zellbiologie Hilfestellungen geben, indem er
- auf unverzichtbares Grundlagenwissen hinweist;
- einen Stoffkatalog mit Lerninhalten präsentiert,
- fachlich wichtige Aspekte hervorhebt;
- auf bestimmte fachliche Probleme, welche erfahrungsgemäß besondere Schwierigkeiten bereiten, etwas näher eingeht;
- Zusammenhänge aufzeigt;
- Stoffeinheiten zusammenfaßt;
- zu methodischer Vorgehensweise anregt;
- Aufgabenbeispiele zur Selbstüberprüfung anbietet und
- Niveauansätze und Leistungsanforderungen im Abitur beschreibt.

Daraus ergibt sich für die Abiturhilfen: sie sind kein Lehrbuch, welches Examensstoff grundlegend aufarbeitet, das heißt, sie können auf keinen Fall das Studium der entsprechenden Fachbücher ersetzen. Mit dem vorliegenden Buch kann nur sinnvoll arbeiten, wer sich bereits grundsätzlich mit dem Stoffgebiet auseinandergesetzt hat. Dabei ist außerdem darauf zu achten, daß keine Vollständigkeit über alle Teilgebiete der Zellbiologie angestrebt wird; einzelne Aspekte werden nur kurz oder gar nicht angeschnitten, wie zum Beispiel Zellstoffwechsel, Energieumsatz, Feinbau bestimmter Zellstrukturen (Zentriolen, Plastiden, Chromosomen), Bewegung von Zellen u.a. Für die Abiturvorbereitung heißt das, daß als Leitfaden zunächst der Lehrstoff des vorausgegangenen Biologieunterrichts anzusehen ist. Daraufhin kann als Ergänzung die vorliegende Broschüre herangezogen werden.

Bei der Konzeption der vorliegenden Abiturhilfen wurde darauf Wert gelegt, dem Leser eine schnelle Orientierung zu ermöglichen und den Text gut lesbar abzufassen, ohne ihm allzulange Ausführungen und Erläuterungen zuzumuten. Dazu soll auch eine möglichst übersichtliche Anordnung der fachlichen Schwerpunkte und eine Hervorhebung wichtiger Begriffe beitragen. Aus diesen Gründen ist der Text häufig in zwei Spalten gegliedert: In der linken Spalte sind zum Sachgebiet gehörende Begriffe oder Stichworte zur Textgliederung aufgeführt; in der rechten Spalte finden Sie möglichst kurz und prägnant gehaltene Erläuterungen oder Definitionen.

Nach jedem Kapitel schließen sich Aufgabenbeispiele mit Lösungen an. Die Aufgaben haben den Zweck, einerseits Wissen zu testen und gleichzeitig zu prüfen, ob Sie das Gelernte auch anwenden können, andererseits aber nochmals auf Wesentliches hinzuweisen und weiterführende Informationen zu geben.

Für das Verständnis der Zusammenhänge ist bei der Lektüre nicht unbedingt erforderlich, die vorgegebene Reihenfolge der Kapitel einzuhalten. Jedes einzelne Kapitel bildet für sich eine Einheit und kann demzufolge je nach Bedarf durchgearbeitet werden.

Der Abschnitt 1.2 (Prüfungsgegenstände im Fach Biologie in der Abiturprüfung) ist für die Vorbereitung nicht unbedingt notwendig und kann daher auch übergangen werden. Er bietet allerdings einen Überblick über Qualifikationen und Inhalte in der Abiturprüfung und vermag so, aus dem Zusammenhang heraus Hilfestellungen bei der Einordnung von einzelnen Anforderungen zu geben.

1.2 Prüfungsgegenstände im Fach Biologie in der Abiturprüfung

Die Kultusministerkonferenz legt mit Beschluß vom 1. 12. 1989 „Einheitliche Prüfungsanforderungen in der Abiturprüfung“ (EPA) vor. Darin werden für das Fach Biologie die Prüfungsgegenstände näher erläutert:
Da im Biologieunterricht sowohl Fachwissen als auch fachliche Qualifikationen (Befähigung zu fachadäquatem Denken, Werten und Handeln) vermittelt werden, soll beides in der Abiturprüfung festgestellt und bewertet werden.

1.2.1 Fachliche Qualifikationen

Als solche gelten zum Beispiel
- das Beobachten und Beschreiben biologischer Objekte und Sachverhalte;
- die Fähigkeit, komplexe biologische Strukturen und Sachverhalte in überschaubare und untersuchbare Einheiten aufzulösen;
- das Darstellen der Ergebnisse in Form von Tabellen, Graphen, Diagrammen und Abbildungen;
- das Auswerten von Beobachtungs- und Meßergebnissen;
- das Ordnen und Vergleichen biologischer Daten mit dem Ziel der Entwicklung generalisierender Aussagen;
- das Kennen und Anwenden von Modellvorstellungen;
- das Beurteilen der Aussagekraft von biologischen Gesetzmäßigkeiten, Hypothesen und Modellvorstellungen.

Bei allen fachlichen Qualifikationen ist eine angemessene Verwendung der Fachsprache unverzichtbar.

1.2.2 Fachliche Inhalte

Die Prüfungsinhalte orientieren sich an den Lehrplänen und Richtlinien der Länder. Grundlage für die Abiturprüfung sind für den Themenbereich Zellbiologie die folgenden Teilbereiche:
- Aufbau prokaryontischer und eukaryontischer Zellen;
- Bau und Funktion von Zellorganellen;

– wichtige Stoffe für den molekularen Aufbau der Zelle;
– physikalisch-chemische Abläufe in der Zelle;
– Teilung und Differenzierung von Zellen.

1.3 Stoffkatalog zum Thema Zellbiologie

Die im vorherigen Abschnitt genannten Qualifikationen und Inhalte bilden die Grundlage für die folgende detaillierte Aufteilung des Lehrstoffs zum Bereich Zellbiologie.

Wie bei fast allen Teildisziplinen der heutigen Biologie ist auch für das Verständnis aller zellbiologischen Aspekte ein Grundlagenwissen aus den beiden Schwesternaturwissenschaften Chemie und Physik unabdingbare Voraussetzung. Bei Ihrer Abiturvorbereitung sollten Sie anstreben, von vorneherein Unklarheiten in diesen Wissensgebieten zu beseitigen. Lücken lassen sich natürlich auch später bei der Beschäftigung mit der Zellbiologie schließen, das hat aber den Nachteil, daß dann immer wieder Umwege in Kauf genommen werden müssen.

Im folgenden Stoffkatalog werden grundlegende Sachinhalte und Methodenkenntnisse zusammengestellt. Prüfen Sie sich, inwieweit eine eingehende Beschäftigung in einzelnen Fällen notwendig ist! Manche Inhalte erscheinen Ihnen möglicherweise zunächst nicht als Grundlage für das eigentliche Thema erforderlich; dies könnte vielleicht an dem etwas anders strukturierten vorausgegangenen Unterricht liegen, in dem einige Akzente anders gesetzt wurden. Ferner werden Sie eventuell das eine oder andere Teilgebiet beim Durcharbeiten dieser Abiturhilfen vermissen. Bei der Vorbereitung auf das Abitur müssen Sie daher unbedingt den Lehrstoff Ihres Unterrichts als Leitfaden beachten.

1.3.1 Grundlagenwissen aus Chemie und Physik

Chemie:

– Tetraedermodell des Kohlenstoffatoms;
– Kohlenwasserstoffverbindungen: Alkane, Alkene, cyclische Kohlenwasserstoffe, Aromaten;
– Alkanole, Alkanale, Alkansäuren;
– funktionelle Gruppen: C=C-Doppelbindung, Hydroxy-, Carbonyl-, Carboxy-, Aminogruppe;
– Reaktionen: Kondensation, Veresterung, Hydrolyse;
– Atombindung, Ionenbindung, Wasserstoffbrückenbindung, Van-der-Waalssche Bindung;
– Elektronegativität;
– polare und unpolare Stoffe, Löslichkeit;
– Protonenübergang, pH-Wert;
– Struktur- und Spiegelbildisomerie, Konfiguration;
– asymmetrisches C-Atom, optische Aktivität;
– Konzentrationsangaben bei Lösungen.

Physik:
- Lichtbrechung, Brechungsgesetz;
- Strahlengänge bei Linsen, Linsengesetz;
- Bildentstehung, reelles und virtuelles Bild;
- Wellennatur und Teilchennatur des Lichts und des Elektrons;
- polarisiertes Licht.

1.3.2 Fachspezifische Inhalte

Lichtmikroskop:
- Aufbau;
- Bildentstehung und Vergrößerung;
- numerische Apertur, Auflösungsvermögen, leere Vergrößerung;
- Vermessen mikroskopischer Objekte;
- Anfertigen mikroskopischer Präparate.

Elektronenmikroskop:
- Bildentstehung;
- Auflösungsvermögen;
- Herstellung elektronenmikroskopischer Präparate.

Weitere Methoden der Zellforschung:
- Phasenkontrastmikroskopie;
- Rasterelektronenmikroskopie;
- Isolierung von Zellbestandteilen;
- radioaktive Markierung;
- Elektrophorese.

Aufbau der Protozyte und der Euzyte:
- Organellen;
- Kompartimente.

Unterschiede zwischen Pflanzen- und Tierzellen

Bau- und Inhaltsstoffe der Zelle:
- Wasser: Dipolcharakter, Wasserstoffbrücken;
- Kohlenhydrate: Monosaccharide (Glucose, Fructose, Pentosen; asymmetrisches C-Atom, Reaktion mit Fehlingscher Lösung, cyclisches Halbacetal, Anomere), Disaccharide (Maltose, Saccharose, Lactose), Polysaccharide (Stärke, Glykogen, Cellulose u.a.);
- Fette: tierische und pflanzliche Fette, ungesättigte Fette, polare Lipide;
- Proteine: Aminosäuren (Zwitterion, isoelektrischer Punkt, optische Aktivität), Peptide (Ladungsverhältnisse, Primär-, Sekundär-, Tertiär- und Quartärstruktur), Skleroproteine und globuläre Proteine;
- Löslichkeit von Kohlenhydraten, Fetten und Proteinen;
- Vorkommen und Bedeutung von Kohlenhydraten, Fetten und Proteinen.

Biomembranen:
- Struktur und Stoffdurchlässigkeit;
- Bedeutung für die Zelle.

Transportvorgänge der Zelle:
- Diffusion;
- Osmose: Osomometer, osmotischer Druck, osmotischer Wert, die Zelle als osmotisches System;
- Plasmolyse und Deplasmolyse;
- Carriertransport;
- aktiver Transport;
- Zytosevorgänge: Phago-, Pino- und Exozytose.

Vermehrung von Zellen:
- Zellteilung;
- mitotische Kernteilung: Mitosephasen, Bedeutung der Mitose.

Übergang vom einzelligen zum vielzelligen Organismus:
- der einzellige Organismus;
- funktionsspezifische Zelldifferenzierung;
- lockere Zellverbände.

Gewebe

Organe

Der vielzellige Organismus

Zelltheorie

1.4 Daten aus der Geschichte der Zellforschung

Die Zellforschung oder Zytologie (von griechisch kýtos = Höhlung, Wölbung; Zelle) untersucht die Strukturen der Tier- und Pflanzenzelle und deren Bedeutung für den Ablauf der Lebensprozesse.

1590 Die niederländischen Brüder Jansen erfinden das zusammengesetzte Mikroskop.

1665 Robert Hooke, ein englischer Physiker, entdeckt bei Gelegenheitsbeobachtungen an dünnen Korkscheibchen allseits umschlossene Hohlräume, die er „cellulae" (Zellen) nennt.

1675 Antony van Leeuwenhoek baut ein einfaches Mikroskop mit selbstgeschliffenen Linsen. Er erkennt einzellige Tiere, Samenzellen, rote Blutkörperchen und im Zahnbelag sogar Bakterien.

1757 Albrecht von Haller untersucht tierische Organe und beobachtet darin verflochtene Fasern, die er Gewebe nennt. Der Begriff Gewebe blieb bis heute erhalten, aber in einem ganz anderen Sinn.

1831 Robert Brown macht erste Beobachtungen an Zellkernen in Blütenpflanzen.

1838	Matthias Schleiden erklärt, daß die Zelle die strukturelle Grundeinheit aller Pflanzen sei.
1839	Theodor Schwann veröffentlicht seine mikroskopischen Untersuchungen über die Übereinstimmung der Feinstrukturen bei Tieren und Pflanzen. Er erkennt die Zelle als Element des Tier- und Pflanzenkörpers.
	Schwann und Schleiden gelten als die Begründer der Zelltheorie: Alle Tiere und Pflanzen sind aus Zellen aufgebaut.
1839	Johannes Purkinje beschreibt als erster das Protoplasma.
um 1850	Hugo von Mohl findet in Pflanzenzellen Plasmaströmungen.
1855	Rudolf Virchow beobachtet den Vorgang der Zellteilung und formuliert den Lehrsatz „Omnis cellulae e cellulae" (alle Zellen entstehen aus Zellen). Damit wird die Zellenlehre zur wichtigsten Grundlage für Biologie und Medizin.
1861	Max Schultze definiert als erster die Zelle als ein protoplasmatisches Gebilde mit Kern.
1875	Otto Bütschli und Eduard Strasburger entdecken fast gleichzeitig und unabhängig voneinander die Kernteilung.
1932	Ernst Ruska erfindet das Transmissionselektronenmikroskop.

Die moderne Zellbiologie versteht Zellen nicht mehr vornehmlich als statische Bausteine von Organismen. Durch die neben der Mikroskopie eingesetzte Methode der radioaktiven Markierung kann man zeigen, daß die Strukturen der lebenden Zelle nur scheinbar beständig sind. In Wirklichkeit sind alle Bestandteile und deren Baustoffe einem dynamischen Geschehen des dauernden Ab- und Aufbaus unterworfen (vielleicht mit Ausnahme des genetischen Materials). Diese Sichtweise führt die heutige Zellbiologie zu der wesentlichen Erkenntnis, daß sich die Zelle flexibel an die Verhältnisse ihrer Umgebung (Milieu) anzupassen vermag.

2. Kapitel: Methoden der Zellforschung

2.1 Das Lichtmikroskop

Bauteile

Fuß mit Stativ;
Lichtquelle, Kondensor, Blende;
Objekttisch;
Objektiv, Tubus, Okular;
Verstellschrauben für Grobtrieb und Feintrieb.
Zu den Aufgaben der einzelnen Teile siehe Aufgabe 1 auf Seite 18

Bildentstehung

Das Mikroskopobjektiv liefert vom Gegenstand G ein reelles, vergrößertes, umgekehrtes und seitenverkehrtes Zwischenbild. Für die Gegenstandsweite g gilt: $2f > g > f$, wobei G nahe am Brennpunkt F der Linse liegt.
Das Zwischenbild wird durch das Mikroskopokular als Lupe betrachtet und liegt in dessen Brennebene: Entstehung eines stark vergrößerten Bildes B vom Gegenstand.

Objektivvergrößerung

$V_{\mathrm{Ob}} = \frac{\mathrm{B}'}{\mathrm{G}} = \frac{b'}{g} \approx \frac{t}{f_{\mathrm{Ob}}}$. Die Bildweite b' des Zwischenbildes B′ ist durch den Bau des Mikroskops fest vorgegeben; sie heißt optische Tubuslänge und beträgt häufig $b' = t = 15$ cm.
Ein stark vergrößertes Zwischenbild entsteht nur, wenn g und somit auch f_{Ob} klein sind; dann gilt annähernd $g = f_{\mathrm{Ob}}$.

Okularvergrößerung

Für die Lupenvergrößerung V_{Ok} durch das Okular gilt $V_{\mathrm{Ok}} = s/f_{\mathrm{Ok}}$, wobei s die deutliche Sehweite des Auges ohne Lupe ($s = 25$ cm) ist.

Mikroskopvergrößerung

Die Gesamtvergrößerung des Mikroskops ist das Produkt aus Objektivvergrößerung und Okularvergrößerung:

$$V_{\mathrm{M}} = V_{\mathrm{Ob}} \cdot V_{\mathrm{Ok}} = \frac{t}{f_{\mathrm{Ob}}} \cdot \frac{s}{f_{\mathrm{Ok}}}$$

numerische Apertur

Die numerische Apertur ist das Produkt aus sin α (α = halber Öffnungswinkel des Objektivs) und der Brechungszahl n des Mediums, durch welches das Licht hindurchgeht (für Luft gilt $n = 1$, für Immersionsöl $n = 1{,}515$):

$$\text{n.A.} = A = n \cdot \sin \alpha$$

Öffnungswinkel	Unter dem halben Öffnungswinkel α des Objektivs versteht man den Winkel zwischen der optischen Achse des Objektivs und dem äußersten Lichtstrahl, der gerade noch vom Objektiv erfaßt wird.
sin α	Maß für die Öffnung des Objektivs (also ein numerischer Wert) und damit ein Maß dafür, wieviel Licht vom mikroskopischen Präparat in das Mikroskopobjektiv eindringt.
Auflösungsvermögen	Das Auflösungsvermögen des Objektivs ist der kleinste Abstand $d_{\min}$ zwischen zwei Punkten des zu betrachtenden Gegenstands, die im Mikroskop eben noch getrennt wahrgenommen werden können. $d_{\min}$ ist der Wellenlänge λ des verwendeten Lichts proportional: $$d_{\min} = \frac{\lambda}{2 \cdot n \cdot \sin \alpha} = \frac{\lambda}{2 \cdot A}$$ (n = Brechzahl des Mediums zwischen Deckglas und Objekt, α = halber Öffnungswinkel des Objektivs).
leere Vergrößerung	der Zuwachs an Vergrößerung, der durch ein stärker vergrößerndes Okular zu einer Gesamtvergrößerung führt, die über dem 500 bis 1000fachen der numerischen Apertur des Objektivs liegt: im Bild werden keine zusätzlichen Einzelheiten sichtbar. Strukturen, die vom Objektiv nicht aufgelöst werden, kann auch ein Okular nicht durch Nachvergrößerung des vom Objektiv erzeugten Bildes auflösen. Die Verwendung eines stärkeren Okulars ist also sinnlos. Bei leerer Vergrößerung können im Bild sogar Scheinstrukturen auftreten, welche im Präparat nicht vorhanden sind; außerdem wird die Bildqualität durch die starke Nachvergrößerung verschlechtert.

2.2 Vermessen mikroskopischer Objekte

Zum Vermessen mikroskopischer Objekte benötigt man als Zubehör ein Okularmikrometer und ein Objektmikrometer. Das Okularmikrometer ist ein kleines kreisrundes Plättchen aus Glas mit einer Skaleneinteilung (10 mm sind in 100 Skalenteile eingeteilt, daher gilt 1 Skalenteil = 1 Skt. = 100 µm). Das Okularmikrometer wird auf die Sehfeldblende im Okular aufgelegt oder ist bereits in spezielle Okulare integriert. Das Objektmikrometer ist ein Objektträger mit Skaleneinteilung (1 mm ist in 100 Skalenteile eingeteilt; daher gilt 1 Skt. = 10 µm).

Eichen des Objektmikrometers:
Für jedes zu verwendende Objektiv stellt man fest, wieviele Skalenteile des Okularmikrometers und des Objektmikrometers einander entsprechen, und bestimmt anschließend die absolute Länge zwischen zwei Teilstrichen des Okularmikrometers. Mit dem nun geeichten Okularmikrometer lassen sich Entfernungen im mikroskopischen Präparat messen.

2.3 Anfertigen mikroskopischer Präparate

Grundsätzlich ist zu unterscheiden zwischen Frisch- und Dauerpräparaten. An Frischpräparaten lassen sich noch lebende Objekte beobachten. Die Präparate haben aber den Nachteil, daß sie immer neu angefertigt werden müssen und in der Regel kontrastarm sind. Die Dauerpräparate erlauben keine Lebendbeobachtung, sind dafür aber stets griffbereit, immer wieder verwendbar und kontrastreich. Die Fixier- und/oder Färbemittel führen jedoch oft zu Veränderungen am Objekt (Artefakte). Mögliche Artefakte sind bei der Beurteilung der Struktur mikroskopischer Objekte von besonderer Bedeutung. Im folgenden einige Aspekte beim Anlegen von Dauerpräparaten:

Fixieren	Fixiermittel töten die Objekte unter Erhalt zumindest ihrer Grobstruktur ab.
Anfärben	Strukturen des Präparats werden durch Anfärben deutlich sichtbar gemacht und durch verschiedene Färbungen voneinander unterschieden.
Entwässern	Das Entwässern ist notwendig, da die für die Herstellung eines Dauerpräparats verwendeten Einschlußmittel mit Wasser nicht mischbar sind und dadurch kleine Wassertröpfchen im Präparat entstehen.
Einschlußmittel	Durch Tränken des Objekts mit Kunstharz sind die mikroskopischen Präparate für lange Zeit haltbar.
Anfertigen mikroskopischer Schnitte	Nichtdurchscheinende Objekte werden durch ein Schneidegerät (Mikrotom) in feinste Scheibchen von ca. 10 µm Dicke zerschnitten. Dazu müssen die Objekte zuvor fixiert, entwässert und in Paraffin oder Kunstharz eingebettet werden. Nach dem Schneiden werden die Schnitte angefärbt.

2.4 Phasenkontrastverfahren

Das Phasenkontrastverfahren, ein Verfahren der Lichtmikroskopie, dient der Sichtbarmachung von kontrastarmen Zellstrukturen ohne Zuhilfenahme von Färbemitteln. Durch unterschiedliches Brechungsvermögen einzelner Objektteile entstehen Phasenunterschiede des durch das Objekt durchtretenden Lichts. Diese werden in Amplitudenunterschiede umgewandelt und führen so zu einer Kontrastverstärkung.

2.5 Das Elektronenmikroskop

Bauprinzipien im Vergleich zum Lichtmikroskop:
Anstelle von Lichtstrahlen werden Elektronenstrahlen verwendet. Zur Ablenkung der Strahlen dienen keine Glaslinsen, sondern elektromagnetische Felder, welche von Magnetspulen erzeugt werden. Im Inneren des Elektronenmikroskops (EM) herrscht ein Hochvakuum, da Elektronen durch Luftmoleküle abgebremst oder abgelenkt werden würden.
Da Elektronenstrahlen für das menschliche Auge nicht sichtbar sind, läßt man sie auf eine photographische Platte oder einen Leuchtschirm fallen. Wie beim Lichtmikroskop wird auch beim EM das Präparat in den Strahlengang gebracht, wobei durch unterschiedlich starke Absorption der Strahlen durch verschiedene Objektteile Kontraste entstehen. Alle diejenigen Stellen des Objekts, welche Elektronenstrahlen nicht absorbieren, werden als helle Punkte sichtbar.

Auflösungsvermögen	Das Auflösungsvermögen beträgt etwa die Hälfte der Wellenlänge der benutzten Strahlen. Beim Lichtmikroskop ist die maximale Auflösung daher ungefähr 400 nm : 2 = 200 nm. Dagegen kann beim EM mit hochbeschleunigten Elektronen (kurze Wellenlänge!) ein Auflösungsvermögen von 0,3 nm erreicht werden.

2.6 Herstellung elektronenmikroskopischer Präparate

Fixieren	Einlegen des Objekts in ein Fixiermittel; durch Verwendung von Osmiumtetroxid erreicht man eine Kontrasterhöhung.
Entwässern	Einbringen des fixierten Objekts in Alkohol.
Einbetten	Plastisches Material (z.B. bestimmte Kunstharze) durchdringt alle Strukturen und erhärtet.
Anfertigen von Schnitten	Durch Ultramikrotome sind Schnittdicken von nur 50 nm möglich. Durch die Präparationsmethoden besteht wie bei der Lichtmikroskopie die Gefahr der Artefaktbildung.

2.7 Das Rasterelektronenmikroskop

Beim Rasterelektronenmikroskop (REM) wird die Oberfläche des Objekts durch einen Elektronenstrahl punktförmig abgetastet, wobei Sekundärelektronen aus dem Objekt herausgeschlagen werden. Die Sekundärelektronen werden abgeleitet und registriert, die Signale zu einem Bild des Objekts zusammengesetzt. Das REM liefert von den Objektoberflächen sehr plastische Bilder.

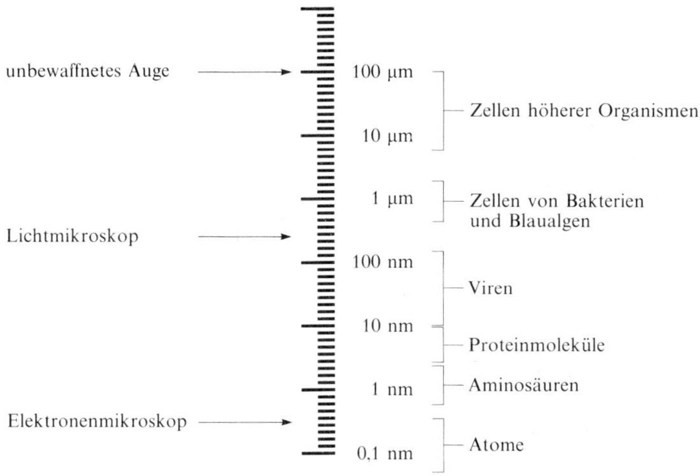

Abbildung 1: Ein logarithmischer Maßstab zum Vergleich der Auflösungskraft von Auge, Lichtmikroskop und Elektronenmikroskop mit den Dimensionen von Zellen, Makromolekülen, einfachen Molekülen und Atomen.

2.8 Isolierung von Zellbestandteilen

Homogenisieren	Verreiben von Gewebestücken zu einem homogenen Brei, wobei der Zellinhalt freigesetzt wird.
Zentrifugieren	Trennen der Zellbestandteile aufgrund ihrer unterschiedlichen Massen durch rasche Umdrehung in einer Zentrifuge. Schwere Teilchen setzen sich schneller und schon bei niedriger Drehzahl, leichtere Teilchen erst bei hoher Drehzahl im Zentrifugengläschen ab. Ultrazentrifugen erreichen bis zu 70 000 Umdrehungen pro Minute, wodurch die Zentrifugalbeschleunigung ein Vielhunderttausendfaches der Erdbeschleunigung *g* betragen kann. Durch Ultrazentrifugation lassen sich auch Makromoleküle voneinander trennen.
fraktionierte Zentrifugation	Durch mehrere Zentrifugenläufe mit steigender Umdrehungszahl und längeren Laufzeiten lassen sich nacheinander aus den Überständen Zellkerne, Mitochondrien, Membranstücke, Ribosomen u. a. isolieren.
Dichtegradientenzentrifugation	Die Dichtegradientenzentrifugation ermöglicht eine bessere Trennung von Zellbestandteilen. Im Zentrifugenröhrchen wird zunächst ein Dichtegradient mit von unten nach oben abnehmender Konzentration

hergestellt (z. B. aus Lösungen von Rohrzucker oder Caesiumchlorid). Das zu untersuchende Homogenat wird auf die Oberfläche des Gradienten getropft. Nach Wahl der geeigneten Zentrifugiergeschwindigkeit und -dauer sammeln sich die verschiedenen Zellbestandteile entsprechend ihrer Dichte als Banden in bestimmter Höhe des Gradienten an. Sie können mit einer Pipette abgesaugt und dann weiter untersucht werden.

2.9 Radioaktive Markierung

Diese Methode läßt sich anwenden, wenn man den Weg von chemischen Verbindungen in der Zelle oder im Organismus verfolgen möchte, um Aufschlüsse über Transportbahnen, Verweildauer und Stoffwechselvorgänge zu erhalten.
Anstelle von stabilen Atomen eines Elements werden Radioisotope desselben Elements in die Moleküle der zu untersuchenden chemischen Verbindung eingebaut. Die so radioaktiv markierte Substanz wird in den zellulären Vorgängen des Organismus wie die natürliche Substanz behandelt, da sie sich weder chemisch noch physiologisch von ihr unterscheidet. Die radioaktive Strahlung kann autoradiographisch (durch Schwärzung von Röntgenfilmen oder anderen strahlungsempfindlichen Schichten) oder mit geeigneten Zählern in noch sehr geringen Mengen nachgewiesen werden. Mit dieser sogenannten Tracermethode (englisch trace = Spur) läßt sich nicht nur feststellen, in welche chemischen Verbindungen radioaktiv markierte Moleküle nach Aufnahme in die Zelle eingebaut werden und welche Stoffwechselschritte stattfinden, sondern auch welche Zellorganellen an den jeweiligen Vorgängen beteiligt sind.

2.10 Elektrophorese

Die in einem Proteingemisch enthaltenen Proteine können durch Elektrophorese voneinander getrennt werden. Zu diesem Zweck wird das Proteingemisch auf einen elektrisch leitenden Träger gebracht und beide einem elektrischen Gleichspannungsfeld ausgesetzt. Je nach ihrer Ladung wandern die Proteine zum positiven oder zum negativen Pol. Da die Proteine auch unterschiedliche Ladungsstärken besitzen, wandern sie in der gleichen Zeit verschieden weit und werden so voneinander getrennt.

2.11 Aufgabenbeispiele

Aufgabe 1:
Welche Aufgaben haben die einzelnen Bestandteile des Lichtmikroskops?

Lösung 1:
Die **Lichtquelle** (Spiegel, elektrische Ansteckleuchte) dient zur Durchleuchtung des mikroskopischen Präparats. Der **Kondensor** trägt zu einer gleichmäßigen Ausleuchtung des Präparats bei. Die **Kondensorblende** paßt die Lichtverhältnisse an das jeweilige Objekt an (Helligkeits- und Kontrastregelung). Bei starker Abblendung ist das Bild kontrastreicher, jedoch sinkt das Auflösungsvermögen. Der **Objekttisch** ist die Auflage für das Präparat und besitzt eine Arretierungsvorrichtung. Das **Objektiv** ist ein Linsensystem, das ein vergrößertes Zwischenbild des Objekts liefert. Der **Tubus** dient der Befestigung des Objektivrevolvers und der Aufnahme der Okulare. Das **Okular** ist ein Linsensystem zur weiteren Vergrößerung des vom Objektiv entworfenen Zwischenbildes. Die **Verstellschrauben** für den Grob- und Feinbetrieb dienen der Scharfeinstellung des zu beobachtenden Objekts und ermöglichen so das Aufsuchen und nach einer Feineinstellung die genaue Betrachtung des Objekts oder eines Objektausschnitts.

Aufgabe 2:
Ein Lichtmikroskop ist mit einem Trockenobjektiv ausgerüstet, welches die Aufschrift 20 : 1 und n. A. 0,35 besitzt.
a) Erläutern Sie, was die Aufschrift auf dem Objektiv bedeutet!
b) Berechnen Sie die Gesamtvergrößerung des Mikroskops bei Verwendung eines Okulars mit 10facher Vergrößerung!
c) Berechnen Sie die bestmögliche Auflösung des Objektivs bei Verwendung von blauem Licht (Wellenlänge 400 nm)!

Lösung 2:
a) Der Abbildungsmaßstab des Objektivs beträgt 20 : 1, d. h., es gilt für die Vergrößerung des Objektivs $V_{Ob} = \frac{B'}{G} = \frac{b'}{g} = 20$. Die numerische Apertur beträgt 0,35, d. h., der Sinuswert des halben Öffnungswinkels beträgt 0,35: n. A. $= \sin\alpha = 0{,}35$ (für $n = 1$).
b) Gesamtvergrößerung $V_M = V_{Ob} \cdot V_{Ok} = 20 \cdot 10 = 200$.
c) $d_{min} = \dfrac{\lambda}{2 \cdot n \cdot \sin\alpha}$

Für $\lambda = 400$ nm und $n \cdot \sin\alpha = 0{,}35$ erhält man

$$d_{min} = \frac{400 \text{ nm}}{2 \cdot 0{,}35} = \frac{200 \text{ nm}}{0{,}35} = 571 \text{ nm}.$$

Aufgabe 3:
Erklären Sie die Erscheinung, daß man bei Verwendung von blauem Licht ein höheres Auflösungsvermögen erhält als mit Licht mittlerer Wellenlänge (z.B. grünes Licht mit $\lambda = 0{,}55$ µm)!

Lösung 3:
Da blaues Licht mit $\lambda = 400$ nm $= 0{,}40$ µm eine kürzere Wellenlänge hat als grünes Licht, ist der Quotient aus λ und $2 \cdot n \cdot \sin\alpha$ und damit d_{min} kleiner.

Aufgabe 4:
Ermitteln Sie den ganzen Öffnungswinkel für das Trockenobjektiv 40x/n. A. 0,65!

Lösung 4:
n. A. = $n \cdot \sin\alpha$; für $n = 1$ und n. A. = 0,65 erhält man $0{,}65 = 1 \cdot \sin\alpha$ und damit den halben Öffnungswinkel $\alpha = 40°\ 33'$. Der ganze Öffnungswinkel für das Objektiv 40x/n. A. 0,65 beträgt also $2\alpha \approx 81°$.

Aufgabe 5:
Ein Mikroskop hat eine Tubuslänge von $t = 15$ cm, das eingestellte Objektiv eine Brennweite $f_{\text{Ob}} = 5$ mm und das Okular eine Brennweite $f_{\text{Ok}} = 2{,}5$ cm.
Bestimmen Sie die Objektivvergrößerung, die Okularvergrößerung und die Gesamtvergrößerung des Mikroskops!

Lösung 5:

$$V_{\text{Ob}} = \frac{t}{f_{\text{Ob}}} = \frac{15\ \text{cm}}{5\ \text{mm}} = 30;$$

$$V_{\text{Ok}} = \frac{s}{f_{\text{Ok}}} = \frac{25\ \text{cm}}{2{,}5\ \text{cm}} = 10;$$

$$V_{\text{M}} = V_{\text{Ob}} \cdot V_{\text{Ok}} = 30 \cdot 10 = 300\,.$$

Aufgabe 6:
Welche Brennweite muß ein Objektiv mit 40facher Vergrößerung haben, wenn für die Tubuslänge des Mikroskops gilt $b' = t = 15$ cm?

Lösung 6:

$$V_{\text{Ob}} = \frac{t}{f_{\text{Ob}}} \Rightarrow f_{\text{Ob}} = \frac{t}{V_{\text{Ob}}} = \frac{15\ \text{cm}}{40} = 3{,}75\ \text{mm}.$$

Aufgabe 7:
Das Lichtmikroskop kann auch zur Projektion von Bildern oder zur Aufnahme von Bildern mit einem Photoapparat (oder mit einer Fensehkamera) verwendet werden. Dabei bringt man das Objekt – wie auch beim normalen Gebrauch des Mikroskops – in den Bereich zwischen einfacher und doppelter Brennweite des Objektivs.
Welche Lage muß das Zwischenbild haben? Begründung!
Konstruieren Sie den entsprechenden Strahlengang und zum Vergleich auch denjenigen für den normalen Gebrauch des Mikroskops!

Lösung 7:
Das Zwischenbild muß sich im Bereich zwischen einfacher und doppelter Brennweite des Okulars befinden, damit kein virtuelles Bild, sondern ein reelles vergrößertes Bild entsteht, welches mittels eines Projektionsschirms aufgefangen werden kann.

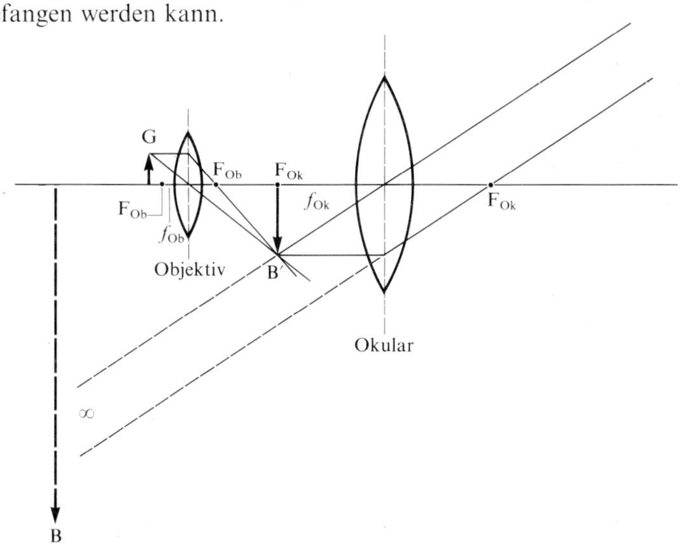

Abbildung 2: Strahlengang beim Mikroskop für den normalen Gebrauch. Das Zwischenbild B′ befindet sich in der Ebene des Okulars.

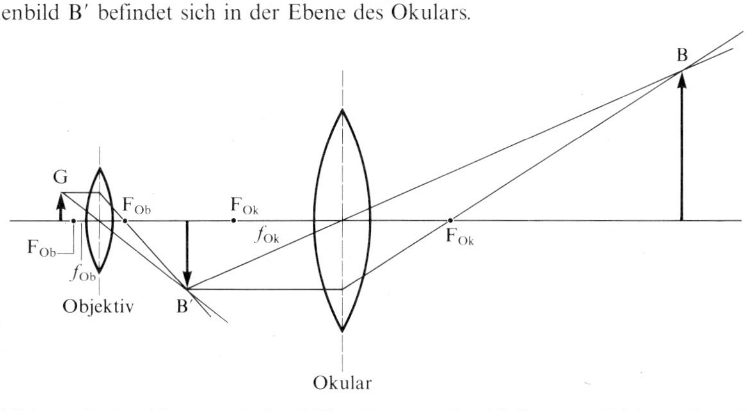

Abbildung 3: Strahlengang beim Mikroskop zur Projektion von Bildern. Das Zwischenbild B′ liegt zwischen einfacher und doppelter Brennweite des Okulars.

Aufgabe 8:
Bei einem Mikroskop wird ein Objektiv 40x/n. A. 0,65 verwendet. Zur Verfügung stehen die Okulare 6x und 10x.
Welche Okularvergrößerung sollte sinnvollerweise gewählt werden?

Lösung 8:

Auflösungsvermögen des Objektivs:

$$d_{\text{min}} = \frac{\lambda}{2 \cdot n \cdot \sin \alpha}$$

mit $\lambda = 0{,}55\ \mu\text{m}$ (für Licht mittlerer Wellenlänge);

$$d_{\text{min}} = \frac{0{,}55\ \mu\text{m}}{2 \cdot 0{,}65} = \frac{0{,}55\ \mu\text{m}}{1{,}30}$$

$$d_{\text{min}} = 0{,}42\ \mu\text{m}$$

Förderliche Vergrößerung:
Bei einem Auflösungsvermögen des menschlichen Auges von 0,15 mm kann man ansetzen:

$$V_{\text{M}} = \frac{0{,}15\ \text{mm}}{0{,}42\ \mu\text{m}} = \frac{150\ \mu\text{m}}{0{,}42\ \text{mm}} = 357$$

Somit gilt

$$V_{\text{M}} = V_{\text{Ob}} \cdot V_{\text{Ok}} = 357$$

und man erhält

$$V_{\text{Ok}} = \frac{V_{\text{M}}}{V_{\text{Ob}}} = \frac{357}{40} = 8{,}9$$

Um das Auflösungsvermögen des Objektivs ausnützen zu können, sollte das Okular mit der 10fachen Vergrößerung gewählt werden. Dieses vergrößert zwar etwas stärker als erforderlich, aber mit dem anderen Okular würde man weniger Einzelheiten im Präparat erkennen können.

Aufgabe 9:
Warum wird das Okularmikrometer beim Messen mikroskopischer Objekte auf die Sehfeldblende im Okular gelegt?

Lösung 9:
Die Blende im Okular liegt genau an der Stelle, wo das vom Objektiv erzeugte Zwischenbild entsteht. Die Skaleneinteilung des Okularmikrometers kann somit gleichzeitig mit der Skaleneinteilung des Objektmikrometers scharf gesehen werden.

Aufgabe 10:
Warum kann man mikroskopische Objekte nicht allein mit dem Okularmikrometer messen?

Lösung 10:
Das Bild des Objekts ist in seiner Größe abhängig vom verwendeten Objektiv. Das Bild des Okularmikrometers ist dagegen abhängig von der verwendeten Okularvergrößerung. Aus diesem Grund muß immer dann neu geeicht werden, wenn ein anderes Objektiv bzw. ein anderes Okular gewählt wird.

Aufgabe 11:
Bei der Eichung des Okularmikrometers wird festgestellt, daß 60 Skt. des Okularmikrometers 80 Skt. des Objektmikrometers entsprechen. Welche Größe hat ein mikroskopisches Objekt, dessen Länge genau 10 Skt. im Okularmikrometer entspricht?

Lösung 11:

$$60\ \text{Skt.}_{\text{Okm}} : 80\ \text{Skt.}_{\text{Obm}} = 1\ \text{Skt.}_{\text{Okm}} : x$$

und damit

$$x = \frac{80}{60} \cdot 1\ \text{Skt.}_{\text{Obm}} = \frac{4}{3}\ \text{Skt.}_{\text{Obm}}\,,$$

also entspricht 1 Skt. des Okularmikrometers 4/3 Skt. des Objektmikrometers.
Für 1 Skt._{Obm} = 10 µm ergibt sich

$$1\ \text{Skt.}_{\text{Okm}} = \frac{4}{3} \cdot 10\ \mu\text{m} = \frac{40}{3}\ \mu\text{m}$$

und entsprechend

$$10\ \text{Skt.}_{\text{Obm}} = \frac{40}{3}\ \mu\text{m} \cdot 10 = \frac{400}{3}\ \mu\text{m} = 133\ \mu\text{m}\,.$$

3. Kapitel:
Bau und Aufgaben von Zellstrukturen

Alle Organismen sind aus Grundbausteinen, den Zellen, aufgebaut. Die Zelle – als Protozyte oder als Euzyte – ist somit das gemeinsame Kennzeichen aller Lebewesen. Die Zelltheorie bringt diese fundamentale Tatsache wie folgt zum Ausdruck:
- Die Zelle ist die kleinste, selbständig lebensfähige Einheit.
- Alle Lebewesen bestehen aus einer oder mehreren Zellen.
- Neue Zellen (Tochterzellen) entstehen in der Natur immer aus alten Zellen (Mutterzellen), werden also nicht aus ihren Bestandteilen zusammengesetzt.

Alle Zellen haben einen gemeinsamen Grundbauplan. Dennoch wird wegen des unterschiedlichen Organisationsgrads zwischen Protozyte und Euzyte unterschieden.

3.1 Aufbau der Protozyte

Die Protozyte ist der Zelltyp der Bakterien und Blaualgen. Ihre Größe beträgt durchschnittlich 1 bis 5 µm.

Kernäquivalent	Protozyten besitzen keinen mit einer Membran umschlossenen Zellkern, sonder nur ein kernähnliches Gebilde: ringförmiger verknäulter DNA-Faden (DNA steht für englisch desoxyribonucleic acid = Desoxyribonukleinsäure), das Bakterienchromosom. Bakterien werden deshalb auch als Prokaryonten (Prokaryoten) bezeichnet.
Zellbegrenzung	Zellwand, die nach außen häufig geißelartige Fortsätze (Flagellen) für die Bewegung und Pili (Einzahl Pilum) zur Anheftung der Zelle trägt. Innerhalb der Zellwand umschließt eine Zellmembran den Innenraum.
Innenraum	Zellplasma (Zytoplasma) mit Reservestoffen, Enzymen und freien Ribosomen für die Proteinbiosynthese. Die innere Gliederung (Kompartimentierung) erfolgt durch Einfaltungen der Zellmembran (Mesosom). Ansonsten ist die Kompartimentierung viel weniger ausgeprägt als bei der Euzyte.

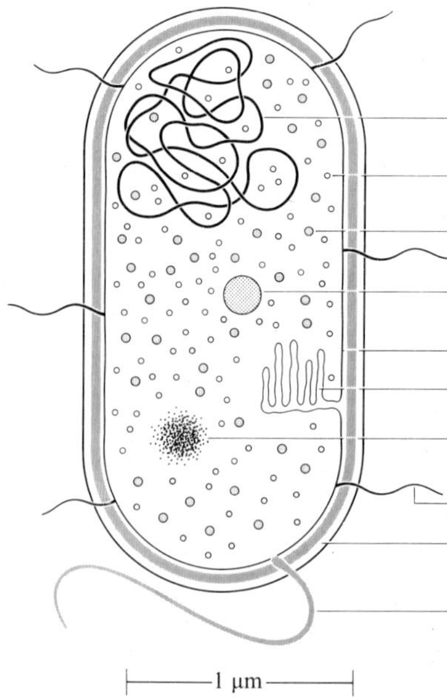

Abbildung 4: Schema der protozytischen Bakterienzelle (verändert aus: Linder, Hermann. Biologie, Lehrbuch für die Oberstufe; Metzler, Stuttgart 1992)

3.2 Aufbau der Euzyte

Euzyten sind im allgemeinen zwischen 5 und 100 µm groß, in Ausnahmefällen jedoch auch wesentlich größer, z.B. kann eine Nervenzelle mit Neurit über 1 m lang und einzellige Amöben bis 2 mm groß werden; der Dotter des Vogeleies hat einen Durchmesser von bis zu 75 mm (Straußenei).

echter Zellkern	Die Euzyte besitzt einen durch eine Kernmembran deutlich abgegrenzten Zellkern. Alle Lebewesen mit echtem Zellkern – von den Einzellern bis zu den höheren Pflanzen und Tieren – werden als Eukaryonten (Eukaryoten) bezeichnet.
Protoplasma	der gesamte innerhalb der Zellmembran liegende Raum einschließlich Zellkern.
Zytoplasma	der gesamte innerhalb der Zellmembran liegende Raum ohne den Zellkern. Das Zytoplasma ist stark in Reaktionsräume (Kompartimente) gegliedert, die oftmals durch Membranen begrenzte Zellorganellen bilden.

Organellen	membranumgrenzte, im Grundplasma liegende, zum Zytoplasma gehörende Reaktionsräume.
Grundplasma	das im Mikroskop leer erscheinende, aus Wasser, anorganischen Ionen, Proteinen, löslichen Kohlenhydraten u.a. bestehende Medium des Zytoplasmas.
Zellmembran	die das Protoplasma umschließende Biomembran.

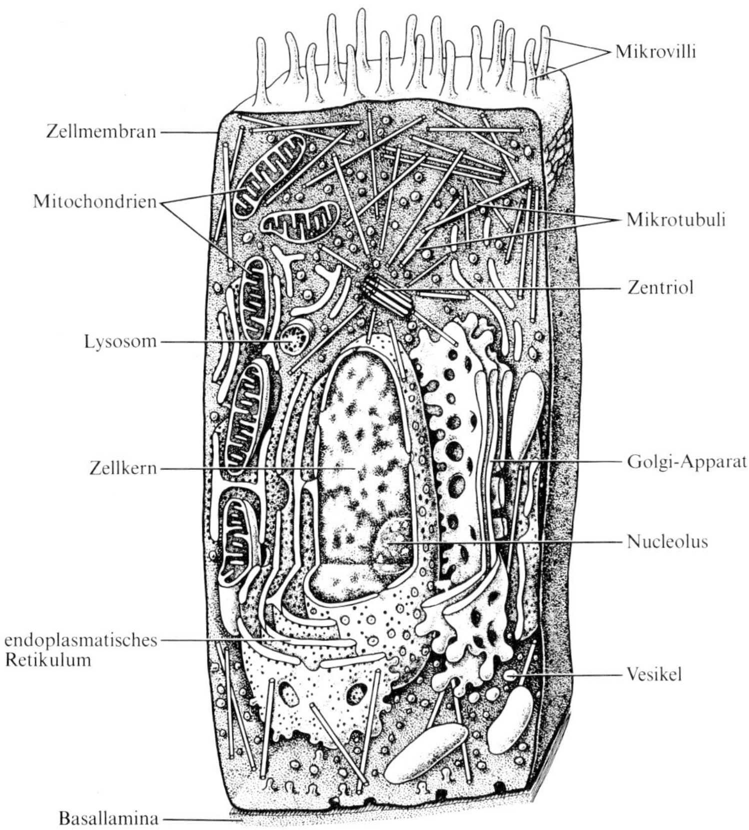

Abbildung 5: Ultrastruktur einer tierischen Euzyte in schematischer Darstellung (aus: Gerhard Thews/Ernst Mutschler/Peter Vaupel, Anatomie, Phyisologie, Pathophysiologie des Menschen; 4. Auflage 1991, Wissenschaftliche Verlagsgesellschaft mbH, Stuttgart)

Die Zelloberfläche kann durch Mikrovilli vergrößert werden. Die Mikrovilli sind fingerförmige, bis zu 1 µm lange Ausstülpungen der Zellmembran. Bei Geweben mit resorbierender Funktion (z.B. Ephitel des Dünndarms) bilden sie einen dichten Rasen (Bürstensaum).

Als Basallamina bezeichnet man eine Abgrenzung von Epithelien gegen das darunterliegende Bindegewebe.

Tabelle 1: Überblick über die Organellen der Euzyte
(nach: Linder, Hermann: Biologie, Lehrbuch für die Oberstufe; Metzler, Stuttgart 1992)

	Durch Selbstaufbau (self-assembly) entstehen Organellen ohne Membran.	Aus dem endoplasmatischen Retikulum entstehen Organellen mit einfacher Membran.	Durch Teilung entstehen Organellen mit einer Doppelmembran.
Zellmembran Geißeln, Wimpern	Ribosomen Mikrofilamente intermediäre Filamente Mikrotubuli Spindelfasern Zentriolen Zytoskelett	endoplasmatisches Retikulum (ER) Dictyosomen — Lysosomen Golgi-Vesikel, Microbodies, Vakuolen	Kern Mitochondrien Plastiden (Chloroplasten, Chromoplasten, Leukoplasten)
Die Protozyte enthält nur Membranen und Ribosomen. Manche Prokaryonten haben auch Vakuolen und Pili sowie Flagellen. Protozyte und Euzyte sind aus den gleichen Grundstoffen aufgebaut; ihre grundlegenden Stoffwechselreaktionen (z. B. Atmung) verlaufen ähnlich.			

3.3 Vorkommen von Zellstrukturen in prokaryontischen und eukaryontischen Zellen

	Prokaryonten	Eukaryonten
Zellmembran	vorhanden	vorhanden
Zellwand	aus Aminozuckern und Muraminsäure, Aminosäuren u. a. Bestandteilen	nur bei pflanzlichen Zellen, Hauptbestandteil ist Cellulose.
Kapsel	wenn vorhanden, dann aus Mucopolysacchariden	fehlt
Geißeln	in einigen Arten vorhanden, aber nicht in der 9+2-Struktur der Fibrillen	in einigen Arten vorhanden, einheitlich in der 9+2-Struktur der Fibrillen
Zellkern	Kernäquivalent ohne Membran	echter Zellkern mit Doppelmembran
Chromosomen	nur 1 nackter Faden, der ausschließlich aus DNA besteht	mehr als 1 vorhanden, aus DNA und Proteinen bestehende komplizierte Strukturen
Mitochondrien	fehlen, entsprechende Prozesse laufen an Einstülpungen der Zellmembran ab	vorhanden
Photosynthese-apparat	Einstülpungen der Zellmembran mit Chlorophyll a und Phycocyanin in Blaualgen, mit Bakteriochlorophyll in Bakterien	Chloroplasten mit Thylakoidmembranen, die in den sogenannten Granastapeln Chlorophyll a und b enthalten
endoplasmatisches Retikulum	fehlt	vorhanden
Golgi-Apparat	fehlt	vorhanden
Vakuolen	fehlen	vorhanden (besonders in Pflanzenzellen)
Lysosomen	fehlen	vorhanden
Ribosomen	vorhanden	vorhanden
Zellteilung	einfache Teilung	Teilung mit Hilfe eines Spindelapparats aus Mikrotubuli

3.4 Vergleich von Zellstrukturen des Pflanzen- und Tierkörpers

Zellwand	nur bei Pflanzenzellen; hauptsächlicher Bestandteil ist Cellulose, bei Pilzen besitzt die Zellwand häufig Chitin. In der Zellwand höherer Pflanzen befinden sich feine Poren (Tüpfel), welche Plasmaverbindungen (Plasmodesmen) zwischen den aneinanderliegenden Zellen ermöglichen; die Plasmodesmen dienen dem Stoffaustausch zwischen den Zellen.
Zellmembran	Bei der Pflanzenzelle ist zusätzlich zur äußeren Zellmembran (Plasmalemma) eine innere Zellmembran (Tonoplast) vorhanden, die die Zellvakuole umschließt. Zwischen beiden Membranen liegt das Zytoplasma.
Zellvakuole	bei der Pflanzenzelle ein von Zellsaft erfüllter, membranumschlossener Hohlraum; häufig auch von Plasmasträngen gegliedert.
Zellkern	In Zellen des Tierkörpers liegt der Zellkern mehr oder weniger in der Mitte, in Pflanzenzellen häufig am Rande innerhalb einer Plasmaanhäufung.
Chloroplasten	für grüne Pflanzen typische Zellorganellen; sie dienen der Bereitstellung von Energie aus dem Prozeß der Photosynthese.
Leukoplasten	in Zellen pflanzlicher Speichergewebe meist in Form sogenannter Stärkekörner.
Chromoplasten	Farbstoffträger in vielen Pflanzenzellen.

3.5 Aufgabenbeispiele

Aufgabe 1:
Weshalb besitzen die meisten Zellen nur so geringe Größen im µm-Bereich?

Lösung 1:
Zellen stehen untereinander und mit der Umwelt in einem ständigen Stoffaustausch. Der Umfang des Stoffaustauschs ist abhängig von der Größe der Zelloberfläche. Diese ist bei kleinen Zellen (kleines Volumen) – relativ gesehen – größer als bei Zellen mit großem Volumen. Außerdem sind die Stofftransportwege innerhalb kleiner Zellen kürzer und damit günstiger.

Aufgabe 2:
Welche Aufgaben haben die verschiedenen Zellorganellen der Euzyte?

Lösung 2:

Zellkern	Steuerung der Vorgänge des Stoffwechsels der Zelle und damit auch des gesamten Organismus sowie dessen Wachstum und Entwicklung.
Mitochondrien	Bereitstellung von Energie für den Stoffwechsel durch die Vorgänge der Zellatmung.
Plastiden	nur in Pflanzenzellen.
– Chloroplasten	Träger des Chlorophylls; Ort der Photosynthese.
– Leukoplasten	farblos; beinhalten den Reservestoff Stärke.
– Chromoplasten	Farbstoffträger in vielen Pflanzenteilen.
endoplasmatisches Retikulum	netzförmiges System membranumhüllter Kanälchen, welches die gesamte Zelle durchzieht; Speicherung und Transport von Stoffen, zum Teil unter Abschnürung von Bläschen (Vesikeln).
Dictyosomen	Stapel flacher membranbegrenzter Räume; die Gesamtheit der Dictyosomen einer Zelle wird als Golgi-Apparat bezeichnet. An den seitlichen Rändern der Dictyosomen werden Golgi-Vesikel abgeschnürt, welche Stoffe (z.B. Sekrete, Hormone) zur Zelloberfläche transportieren.
Lysosomen	vom ER bzw. vom Golgi-Apparat gebildete Vesikel; enthalten stoffabbauende Enzyme. Aus ihnen gehen die Verdauungsvakuolen hervor, welche der intrazellulären Verdauung dienen.
Ribosomen	Orte der Proteinbiosynthese in der Zelle.
Mikrotubuli	röhrenförmige Eiweißstrukturen mit einem Durchmesser von 25 nm; sie sind Bauelemente der Zentriolen und Kernspindeln sowie der Geißeln und Wimpern.
Microbodies	membranbegrenzte Zellräume, in denen spezielle Stoffwechselreaktionen ablaufen.

4. Kapitel: Bau- und Inhaltsstoffe der Zelle

Zu den Bau- und Inhaltsstoffen der Zelle gehören im wesentlichen die Eiweiße (Proteine), verschiedene Kohlenhydrate (Saccharide), Fette und fettähnliche Substanzen (Lipide) und die Kernsäuren (Nukleinsäuren).

Im folgenden wird näher auf die ersten drei Stoffgruppen eingegangen. Die Nukleinsäuren werden im Bändchen „Genetik" der Reihe „Duden Abiturhilfen" behandelt.

4.1 Kohlenhydrate

Kohlenhydrate bestehen aus den Elementen Kohlenstoff, Wasserstoff und Sauerstoff; die letzten beiden Elemente stehen häufig im Verhältnis 2:1, weshalb die allgemeine Summenformel für viele Kohlenhydrate $C_m(H_2O)_n$ lautet.
Die kleinsten Baueinheiten (Monomere) der Kohlenhydrate sind die Einfachzucker (Monosaccharide), z.B. Glucose, Fructose.

4.1.1 Monosaccharide

Glucose (Traubenzucker)

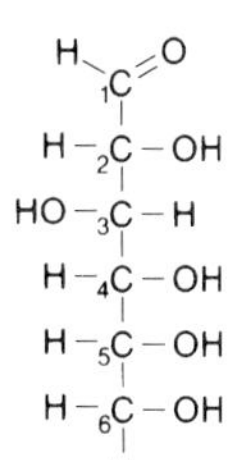

Summenformel $C_6H_{12}O_6$, also eine Hexose, da sechs C-Atome im Molekül vorliegen.
In der Kettenform der Glucose liegt am 1. C-Atom eine Aldehydgruppe vor, welche reduzierend wirkt. Glucose ist eine Aldose bzw. Aldohexose. Deshalb verläuft die Fehlingsche Probe positiv.
Die natürlich vorkommende Glucose ist die D-Glucose: die OH-Gruppe am 5. C-Atom in der Fischer-Projektionsformel schaut nach rechts. Weitere alkoholische OH-Gruppen befinden sich an den C-Atomen 2, 3, 4 und 6. Das Molekül enthält insgesamt vier asymmetrische C-Atome, ist also optisch aktiv; Glucose dreht die Ebene des polarisierten Lichts nach rechts und wird daher mit (+) gekennzeichnet: D-(+)-Glucose.
Zwischen der Carbonylgruppe am C-1-Atom und der Hydroxygruppe am C-5-Atom ist ein intramolekularer Ringschluß möglich, wenn man sich einen Wechsel des Protons der OH-Gruppe zur C=O-Gruppe

vorstellt (Ringform der Glucose). Eine solche Struktur heißt cyclisches Halbacetal.

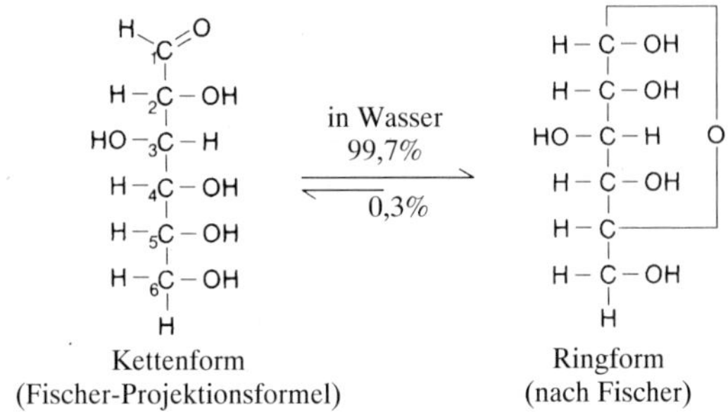

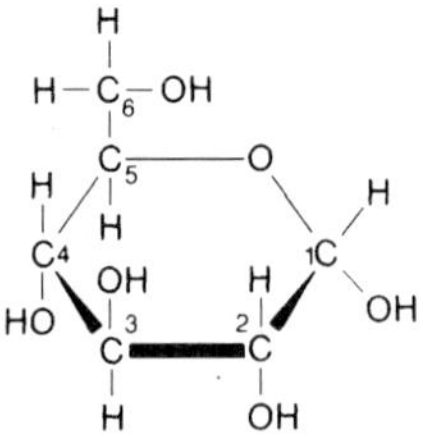

Projektionsformel
(nach Haworth)

(Bei der Darstellung der Haworth-Ringform werden alle OH-Gruppen, die in der Kettenformel rechts stehen, nach unten, diejenigen, die links stehen, nach oben gezeichnet. Die dick gezeichneten Bindungen zwischen den C-Atomen müssen vor der Schreibebene, die schwächer gezeichneten Bindungen zwischen den C-Atomen und dem O-Atom hinter der Schreibebene gelegen gedacht werden.)
Infolge der Halbacetalbildung entsteht am C-1-Atom ein zusätzliches asymmetrisches C-Atom (das C-1-Atom ist nicht mehr frei drehbar), so daß zwei strukturisomere Formen (Anomere) der Glucose unterschieden werden können, die α-D-Glucose und die β-D-Glucose.

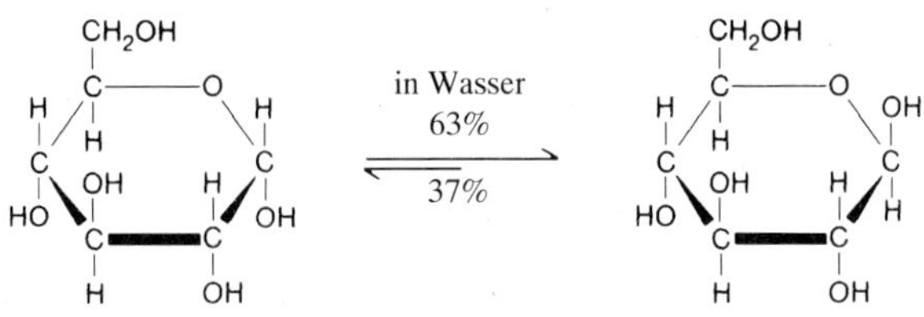

α-D-Glucose β-D-Glucose

Beide Anomere können in wäßriger Lösung über die Aldehydform ineinander übergehen, wobei sich ein konstantes Gleichgewicht zwischen beiden Formen einstellt (37% α-D-Glucose und 63% β-D-Glucose).

Fructose (Fruchtzucker)

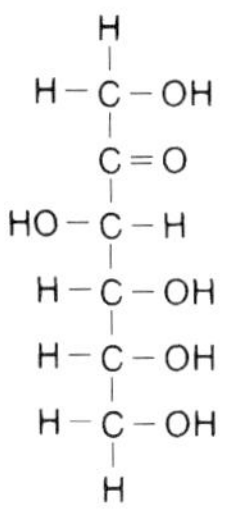

Die Fructose ist wie die Glucose eine Hexose mit der Summenformel $C_6H_{12}O_6$; sie ist aber keine Aldose, sondern eine Ketosc, denn in der Kettenform trägt das 2. C-Atom eine Ketogruppe. In alkalischer Lösung vermag das Fructosemolekül über die Endiolform in Glucose überzugehen, weshalb die Fehlingsche Probe positiv verläuft.
Ebenfalls wie bei der Glucose ist eine Halbacetalbildung möglich, und es existiert eine Ringform: Entweder erfolgt der Ringschluß zwischen C-2 und C-5 oder zwischen C-2 und C-6. Im ersten Fall entsteht die Fructofuranose, ein Fünfring, im zweiten Fall die Fructopyranose, ein Sechsring. Je nach Stellung der OH-Gruppe am 2. C-Atom im Ring liegen unterschiedliche Anomere vor. Man kann zwischen α- und β-Formen unterscheiden.
Das Fruchtzuckermolekül gehört der D-Reihe an und dreht die Ebene des polarisierten Lichts nach links: D-(−)-Fructose.

Pentosen

Monosaccharide mit 5 C-Atomen, z.B. D-Ribose und die reduzierte Form, die D-Desoxyribose. Beide sind Aldopentosen.

4.1.2 Disaccharide

Zweifachzucker (Disaccharide) erhält man durch eine Kondensationsreaktion zweier Einfachzucker. Die über ein O-Atom laufende Brückenbindung zwischen den Einfachzuckern heißt glykosidische Bindung:

$$2\ C_6H_{12}O_6 \rightleftharpoons C_6H_{22}O_{11} + H_2O.$$

Maltose (Malzzucker)

Disaccharid aus zwei α-Glucose-Einheiten, wobei die glykosidische Bindung aus der OH-Gruppe am C-1-Atom einerseits und der OH-Gruppe am C-4-Atom andererseits entsteht, daher α-1,4-glykosidische Bindung.

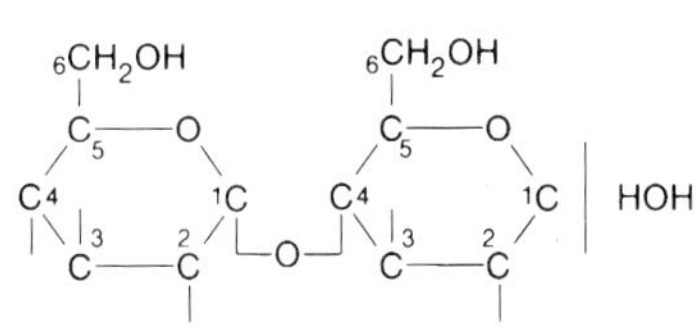

Saccharose (Rübenzucker, Rohrzucker)

Disaccharid aus α-Glucose und β-Fructose in 1,2-glykosidischer Bindung.
Das durch Kochen mit verdünnten Säuren erhaltene äquimolare Gemisch aus Glucose und Fructose heißt Invertzucker, weil bei der Zerlegung des Disaccharids eine Umkehrung (Inversion) der Drehrichtung des polarisierten Lichts einhergeht (Saccharose ist rechtsdrehend, das äquimolare Gemisch aus D-(+)-Glucose und D-(−)-Fructose linksdrehend).

Lactose

besteht aus β-Galaktose und Glucose in 1,4-glykosidischer Bindung.

4.1.3 Polysaccharide

Polysaccharide (Vielfachzucker) entstehen durch Zusammenschluß vieler (100 bis einige 10000) Monosaccharidmoleküle zu kettenförmigen, aus den Monomeren zusammengesetzten Makromolekülen (Polymeren).

Stärke

aus einigen 100 bis einigen 1000 α-Glucose-Einheiten durch 1,4-glykosidische Bindung verknüpftes Polysaccharid:

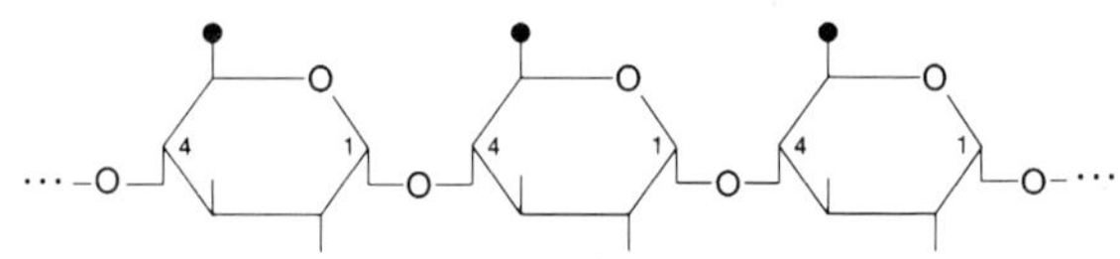

Natürlich vorkommende Stärke besteht zu 20−30% aus Amylose und zu 70−80% aus Amylopektin.
Amylose besteht aus α-Glucose-Einheiten in 1,4-glykosidischer Bindung und liegt in Form langgestreckter, schraubig gewundener Makromoleküle vor (Molmasse 50000−160000). Amylose ist verantwortlich für die Blaufärbung von Stärke mit Iod: Die I_2-Moleküle lagern sich in die Amyloseschrauben ein und bilden mit ihnen Einschlußverbindungen von blauschwarzer Iodstärke.
Amylopektin besteht wie Amylose aus Glucoseeinheiten, die jedoch buschartig verzweigte Ketten bilden. Innerhalb der Ketten erfolgt die Verknüpfung α-1,4-glykosidisch, dagegen an den Verzweigungsstellen α-1,6-glykosidisch. Die Molmasse beträgt ca. 400000.

Cellulose

Wie die Stärke besteht Cellulose aus D-Glucose-Einheiten (Molmasse zwischen 200000 und 2 Millionen). Anders als bei der Stärke liegen jedoch β-1,4-glykosidische Bindungen vor, was eine wechselnde räumliche

Anordnung der Sauerstoffbrücken zur Folge hat. Dadurch ist die Ausbildung langer Celluloseketten möglich, welche zu Bündeln vereinigt werden können:

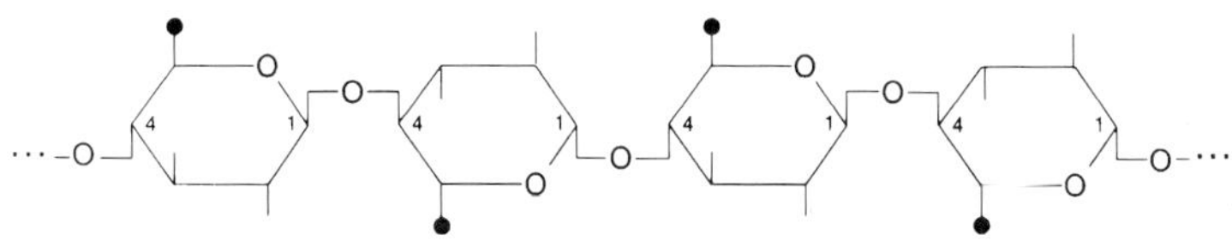

Glykogen Ähnelt in seinem chemischen Aufbau dem Amylopektin; die Ketten sind jedoch noch mehr verzweigt und höhermolekular.

4.1.4 Löslichkeit der Kohlenhydrate

Mono- und Disaccharide sind wegen der Vielzahl an polar gebauten OH-Gruppen im Molekül in Wasser gut löslich. Die Polysaccharide sind im allgemeinen in Wasser unlöslich, was auf die große Moleküllänge zurückzuführen ist. Amylose geht in heißem Wasser kolloidal in Lösung.

4.1.5 Vorkommen und Bedeutung der Kohlenhydrate

D-(+)-Glucose kommt in Zellen des Fruchtfleisches süßer Früchte (z.B. Trauben) vor, ebenso die **D-(−)-Fructose.** Sie ist außerdem Bestandteil der Saccharose. **Pentosen** sind am Aufbau der Nukleinsäuren beteiligt. **Glykoside** sind etherartige Verbindungen zwischen einem Zucker und einem Alkohol, z.B. das Amygdalin (Inhaltsstoff im Speichergewebe des Mandelsamens); sie sind als Naturstoffe weit verbreitet.
Maltose entsteht im Speichergewebe keimender Samen als wasserlösliches Zwischenprodukt beim biochemischen Abbau der Stärke (z.B. im Gerstenmalz). **Saccharose** kommt in den Markzellen des Sprosses vom Zuckerrohr und im Speichergewebe der Zuckerrübe vor. **Stärke** ist das wichtigste pflanzliche Speicherkohlenhydrat und liegt in Form kleiner Körner in Speichergeweben von Knollen (Kartoffel), Zwiebeln, Wurzelstöcken und Samen (Getreidekörner, Hülsenfrüchte) vor. **Glykogen** ist das Speicherkohlenhydrat in Muskelzellen und der Leber (Leberstärke) und dient so als Energiereserve. **Cellulose** ist die Gerüstsubstanz pflanzlicher Zellwände (mit Ausnahme der Pilze) und typisch in Pflanzenfasern wie die Samenhaare der Baumwolle, des Flachses (Leinen) und des Hanfs; Holz enthält zu 50% seiner Trockensubstanz Cellulose (daneben Hemicellulose und Lignin). **Hemicellulose** ist die Bezeichnung für eine uneinheitliche Gruppe komplexer Polysaccharide des Holzes. **Chitin** ist ein stickstoffhaltiges Polysaccharid und der Hauptbestandteil des Außenskeletts von Insekten und Krebsen; außerdem kommt es in den Zellwänden der Pilze vor. **Mucopolysaccharide** sind Verbindungen, die neben einem geringen Proteinanteil im wesentlichen Kohlenhydrate (z.B. Mannose, Galaktose, Glucuronsäure, Glucosamin, Galaktosamin) enthalten. Sie sind hauptsächlich im Stütz- und Bindegewebe, aber auch als

Schleimstoffe (Mucine) in tierischen Organen und Sekreten enthalten. Die Hyaluronsäure, das einfachste Mucopolysaccharid, ist im Glaskörper des Auges und in der Nabelschnur enthalten.

4.2 Fette

Die natürlichen Fette sind Ester des dreiwertigen Alkohols Glycerin (Formel: $CH_2OH-CHOH-CH_2OH$) und mittleren bzw. höheren Carbonsäuren (Fettsäuren) mit gerader C-Zahl: Fette sind also Triglyceride. Da meistens verschiedene Fettsäuren im Molekül vorliegen, spricht man von einem gemischten Fettmolekül bzw. von einem gemischten Triglycerid.

Beispiel für ein gemischtes Triglycerid:

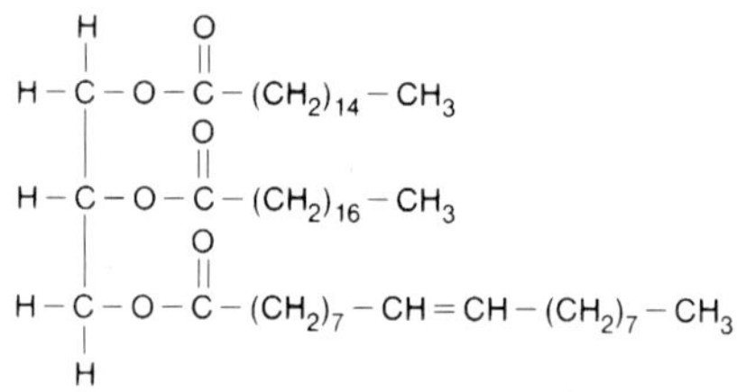

4.2.1 Fettsäuren

tierische Fette	Triglyceride, die hauptsächlich die Fettsäuren Palmitinsäure ($C_{15}H_{31}COOH$), Stearinsäure ($C_{17}H_{35}$-$COOH$) und Ölsäure ($C_{17}H_{33}COOH$) enthalten.
pflanzliche Fette	Pflanzliche Fette enthalten gegenüber den tierischen Fetten einen höheren Anteil an ungesättigten Fettsäuren. Neben der Ölsäure kommen vor die Linolsäure ($C_{17}H_{31}COOH$) und die Linolensäure ($C_{17}H_{29}COOH$). Je höher der Anteil an ungesättigten Fettsäureresten ist, um so flüssiger ist das Fett.
ungesättigte Fettsäuren	Fettsäuren, die eine oder mehrere C=C-Doppelbindungen im Kohlenwasserstoffrest besitzen. Die **Ölsäure** ist eine einfach ungesättigte Fettsäure mit einer C=C-Doppelbindung zwischen dem 9. und 10. C-Atom: $CH_3-(CH_2)_7-CH=CH-(CH_2)_7-COOH.$ Die **Linolsäure** als zweifach ungesättigte Fettsäure besitzt 2 C=C-Doppelbindungen und zwar zwischen dem 9. und 10. und zwischen dem 12. und 13. C-Atom: $CH_3-(CH_2)_4-CH=CH-CH_2-CH=CH-(CH_2)_7-COOH.$

Die **Linolensäure** ist eine dreifach ungesättigte Fettsäure und besitzt jeweils zwischen dem 9. und 10., zwischen dem 12. und 13. und zwischen dem 15. und 16. C-Atom eine C=C-Doppelbindung:

$$CH_3-CH_2-CH=CH-CH_2-CH=CH-CH_2-CH=CH-(CH_2)_7-COOH.$$

4.2.2 Löslichkeit der Fette

Die unpolaren langen Kohlenwasserstoffreste der Fettsäuren überwiegen gegenüber den polaren, aber relativ kleinen Estergruppen, so daß Fette nur in unpolaren Lösungsmitteln, nicht aber in polaren Lösungsmitteln (z.B. Wasser) löslich sind.

4.2.3 Vorkommen und Bedeutung der Fette

Vorkommen der Fette bei Pflanzen	Pflanzliche Fette liegen vor als Öltröpfchen in den Zellen spezieller Gewebe, z.B. in reifen Früchten und Samen, vor (Leinöl, Olivenöl, Sojaöl, Erdnußöl, Kokosfett).
Vorkommnen der Fette bei Tieren	Tierische Fette kommen vor allem in den Zellen des Unterhautgewebes (Rinder- und Hammeltalg, Schweine- und Gänseschmalz, Walöl) oder als Fettmantel um innere Organe vor.
Bedeutung der Fette für die Pflanzen	Energiereserve für den Keimling.
Bedeutung der Fette für die Tiere	Schutz vor Wärmeverlust (z.B. bei Meeressäugern) und vor mechanischer Einwirkung (Stöße, z.B. Fettmantel um die Nieren); als Energiereserve z.B. für die Winterschläfer.

4.3 Polare Lipide

Polare Lipide zeigen einen ähnlichen Aufbau wie die Fettmoleküle; der Glycerinrest trägt neben unpolaren Fettsäureresten jedoch eine Atomgruppe mit polaren Bindungen. Lecithine z.B. sind Esterverbindungen, die aus Glycerin, zwei langkettigen Fettsäuren und einer polaren, aus einem Phosphatrest und einem Cholinrest bestehenden, am 3. C-Atom sitzenden Atomgruppe aufgebaut sind.
Polare Lipide sind wichtige Bausteine aller biologischen Membranen. Durch den hohen Anteil an mehrfach ungesättigten Fettsäureresten erhalten die Biomembranen ihre weitgehend flüssige Beschaffenheit.

4.4 Proteine

Proteine sind kettenförmige Makromoleküle (Polypeptidkette), die aus 100 oder mehr durch sogenannte Peptidbindungen miteinander verknüpften Aminosäuren bestehen.

4.4.1 Aminosäuren

Aminosäuren sind Substitutionsprodukte einfacher Carbonsäuren: Bei den meisten in der Natur vorkommenden Aminosäuren ist ein H-Atom am α-C-Atom durch eine Aminogruppe (NH_2-Gruppe) ersetzt, z.B.:

Essigsäure (Ethansäure) — α-Aminoessigsäure (Glycin), die einfachste Aminosäure

Die allgemeine Formel einer α-Aminosäure lautet

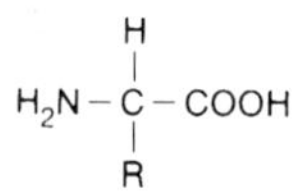

(R = Seitenkette)

Außer Glycin sind alle in der Natur vorkommenden Aminosäuren optisch aktiv, d.h., sie drehen die Ebene des polarisierten Lichts aufgrund asymmetrischer C-Atome; außerdem besitzen sie L-Konfiguration, d.h., die NH_2-Gruppe schaut in der Fischer-Projektionsformel nach links.

Neben zusätzlichen COOH- und NH_2-Gruppen können die Seitenketten auch Hydroxy-(OH-) oder Thiolgruppen (SH-Gruppen) sowie Ringsysteme enthalten, oder sie können auch reine Kohlenwasserstoffreste darstellen.

4.4.2 Peptide

Dipeptide

Durch eine Kondensationsreaktion zweier Aminosäuren entsteht ein spezieller Verknüpfungstyp, der Peptidbindung genannt wird:

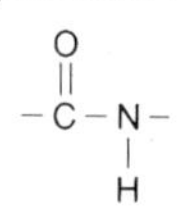

Tripeptide, Oligopeptide, Polypeptide

Durch peptidartige Verknüpfung weiterer Aminosäuren entsteht zuerst ein Tripeptid, dann ein Oligopeptid und schließlich ein Polypeptid. Die Polypeptidketten sind die strukturelle Grundlage der Proteine. In den in der Natur vorkommenden Proteinen treten 20 verschiedene Aminosäuren auf, welche sich in der Seitenkette R unterscheiden. Die Proteine sind bezüglich der Anzahl und der Reihenfolge (Sequenz) der sie aufbauenden Aminosäuren verschieden. Daraus ergibt sich eine sehr hohe Variationsmöglichkeit in der Zusammensetzung von Proteinen, was zur Folge hat, daß jeder Organismus sein eigenes individuelles Aminosäuremuster in den Proteinen besitzt.

4.4.3 Struktur der Proteine

Primärstruktur – die spezifische Abfolge der verschiedenen Aminosäuren im Proteinmolekül (Aminosäuresequenz).

Sekundärstruktur – die spezifische Anordnung der Aminosäuresequenz im Raum; Stabilisierung der Raumstruktur durch H-Brückenbindungen zwischen innerhalb der Peptidketten nicht benachbarten Aminosäuren: die Ausbildung intramolekularer H-Brücken ergibt die gewundene α-Helix-Struktur (verwirklicht z.B. im Haarkeratin). Intermolekulare H-Brücken (also zwischen Aminosäuren verschiedener Peptidketten) ergeben die β-Faltblatt-Struktur (verwirklicht im Seidenfaserprotein der Seidenraupe).

Tertiärstruktur – die spezifische räumliche Gestalt der Sekundärstruktur unter Beteiligung weiterer drei Bindungsarten neben der H-Brückenbindung: Ausbildung zusätzlicher Atombindungen (Disulfidbrücken, $-S-S-$), Ionenbindungen ($-NH_3^+ \cdots {}^-OOC-$), Van-der-Waalsche Kräfte.

Quartärstruktur – die räumliche Anordnung mehrerer Tertiärstrukturen, welche zu einem einzigen Makromolekülkomplex zusammentreten. Z.B. enthält das Hämoglobinmolekül vier Polypeptidketten mit jeweils spezifischer Tertiärstruktur.

4.4.4 Weitere Eigenschaften der Proteine

Ladungsverhältnisse – Sowohl frei als auch in wäßriger Lösung liegen Aminosäuren als Zwitterionen vor:

$$^+H_3N-CHR-COO^-.$$

In den Seitenketten R der Aminosäuren können zusätzliche Carboxygruppen (bei sauren Aminosäuren) oder zusätzliche Aminogruppen (bei basischen Aminosäuren) auftreten. Deshalb kann ein Proteinmolekül durch Protonenübergänge weitere sowohl negative als auch positive Ladungen tragen ($-COO^-$, $-NH_3^+$), was vom pH-Wert der umgebenden Lösung abhängt.

Löslichkeit der Proteine – Bei einem bestimmten pH-Wert ist die Zahl der positiven und negativen Ladungen im Proteinmolekül gleich. Diesen pH-Wert bezeichnet man als den isoelektrischen Punkt (IEP). Am IEP weist das Protein die geringste Wasserlöslichkeit auf, da nach „außen" keine Ladung wirksam wird, durch die eine Hydrathülle gebildet werden kann.

Wasserlösliche Proteine sind z.B. die Serumalbumine im Blut und die Samenalbumine in Pflanzen.

4.4.5 Vorkommen und Bedeutung der Proteine

Proteine sind am Aufbau der Zellstrukturen beteiligt und sind auch Bestandteil des Grundplasmas. Etwa die Hälfte der Trockensubstanz einer Zelle besteht aus Proteinen. Außerdem dienen sie als Speicherstoffe, z.B. in Form der Aleuronkörner in Zellen des Speichergewebes von Ricinussamen.

Vorkommen als Faserproteine (Skleroproteine)	Die Proteinmoleküle liegen bündelweise nebeneinander: in glatten Muskelzellen und in quergestreiften Muskelfasern; im Keratin der Haare, Nägel, Hörner, Federn; im Kollagen des Bindegewebes, der Sehnen und Bänder; im Blutfaserstoff Fibrin.
Vorkommen als Sphäroproteine (globuläre Proteine)	Die Proteinmoleküle sind verknäult und von kugelförmigem (globulärem) Bau. Sie werden von bestimmten Zelltypen gebildet und abgeschieden. Sie kommen vor in der Milch, im Hühnereiweiß; als Albumine im Blutplasma; als Hämoglobin, als Hormone, als Enzyme; als Antikörper.

4.5 Aufgabenbeispiele

Aufgabe 1:
Erklären Sie die Erscheinung, daß Fette in polaren Lösungsmitteln, wie z. B. Wasser, unlöslich sind!

Lösung 1:
Wassermoleküle sind polar gebaut: Das O-Atom ist wesentlich stärker elektronegativ als das H-Atom (Elektronegativitätsdifferenz, kurz EN-Differenz 1,4), d.h., die Bindungselektronenpaare zwischen dem Sauerstoffatom und den beiden Wasserstoffatomen werden stärker zum Sauerstoff hingezogen, was zu einer unterschiedlichen Elektronendichte zwischen beiden Atomsorten führt. Daher treten bei den Bindungspartnern Teilladungen (Partialladungen, δ) auf. Das O-Atom besitzt eine negative Partialladung (δ−), das H-Atom eine positive Partialladung (δ+).

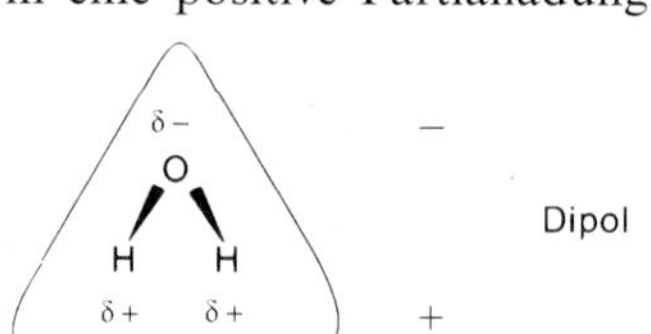

Das Wassermolekül ist gewinkelt gebaut; der Bindungswinkel zwischen den Achsen beider O–H-Bindungen beträgt 104,5°. Das hat zur Folge, daß zwei getrennte Ladungsschwerpunkte im Molekül vorliegen, ein positiver und ein negativer; das Wassermolekül ist ein Dipol.

Fettmoleküle besitzen keinen ausgeprägten Dipolcharakter; sie sind im wesentlichen unpolar gebaut. Zwar liegen aufgrund der stark elektronegativen O-Atome in den Estergruppen ebenfalls unterschiedliche Ladungsschwerpunkte vor, jedoch überwiegen die relativ langen, unpolar gebauten Kohlenwasserstoffketten der Fettsäurereste. Die C- und H-Atome in den Resten besitzen nur sehr kleine negative bzw. positive Teilladungen, da die EN-Differenz mit 0,4 wesentlich kleiner ist als zwischen Sauerstoff und Wasserstoff. Außerdem werden die C-Atome in den Kohlenwasserstoffketten gleichmäßig von den H-Atomen umgeben, so daß nach außen hin keine Dipole wirksam werden können. Die relativ starken Dipole der Wassermoleküle, welche untereinander über Wasserstoffbrücken elektrostatische Anziehungskräfte entfalten, sind somit nicht in der Lage, sich zwischen die unpolaren Fettsäurereste der Fettmoleküle zu drängen.

Aufgabe 2:
Lecithin ist ein polares Lipid biologischer Membranen. In einem Lecithinmolekül sind die OH-Gruppen der ersten beiden C-Atome des Glycerins beispielsweise mit Stearinsäure und mit Ölsäure, die dritte OH-Gruppe mit Phosphorylcholin verestert. Phosphorylcholin ist ein Ester zwischen Phosphorsäure und Cholin. Die Formel von Cholin lautet:

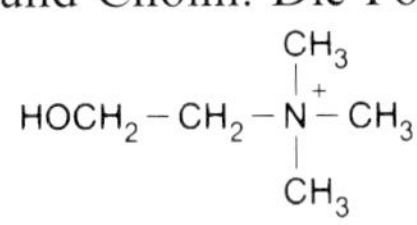

Welche Formel besitzt das Lecithinmolekül?

Lösung 2:

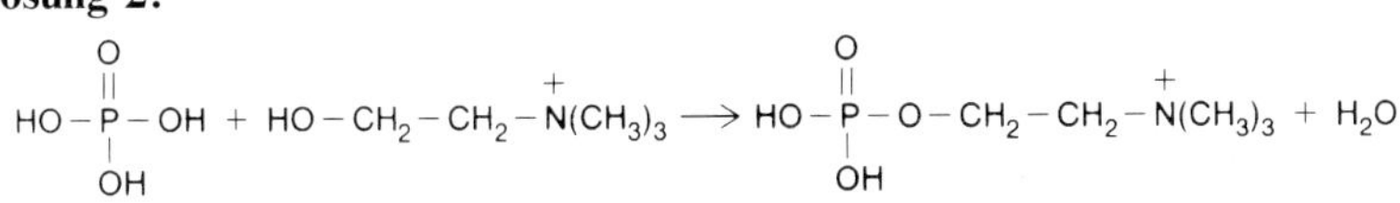

Phosphorsäure Cholin Phosphorylcholin

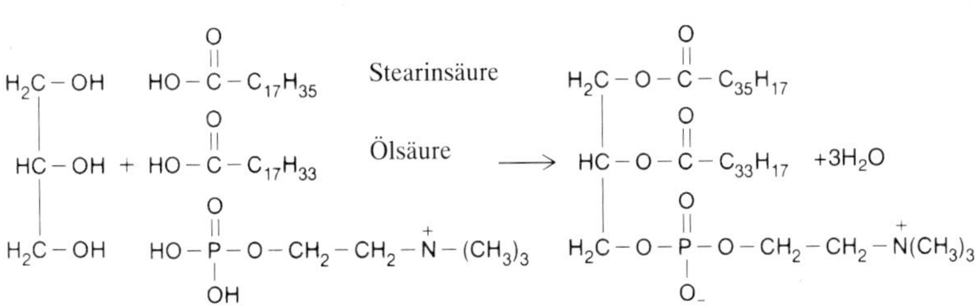

Glycerin Phosphorylcholin Lecithin

Aufgabe 3:
Erklären Sie, wieso fast alle Aminosäuren in Wasser gut bis mäßig löslich, in unpolaren Lösungsmitteln dagegen praktisch unlöslich sind!

Lösung 3:
Die gute Löslichkeit von Aminosäuren in Wasser – wenn der Rest R nicht zu stark hydrophob ist – ist auf die Ausbildung von Anionen, Kationen oder Zwitterionen und deren Fähigkeit, Hydrathüllen zu bilden, zurückzuführen.
Die Wasserlöslichkeit vieler Proteine beruht ebenfalls auf dieser Erscheinung.

Aufgabe 4:
Wie lautet die vollständige Reaktionsgleichung für die Synthese eines Tripeptids aus Aminosäuren mit den Aminosäureresten

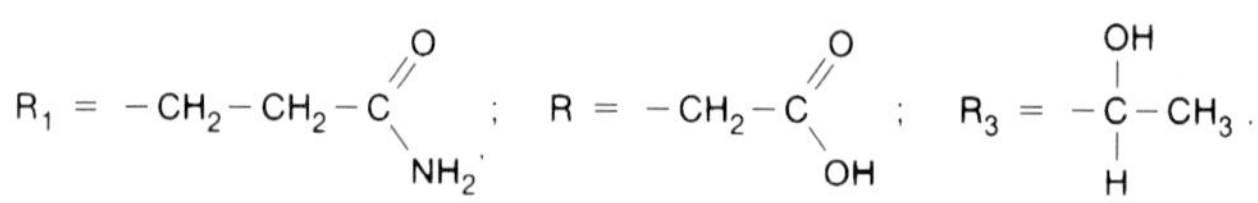

Lösung 4:
Die Reaktionsgleichung für eine der 27 Kombinationsmöglichkeiten lautet:

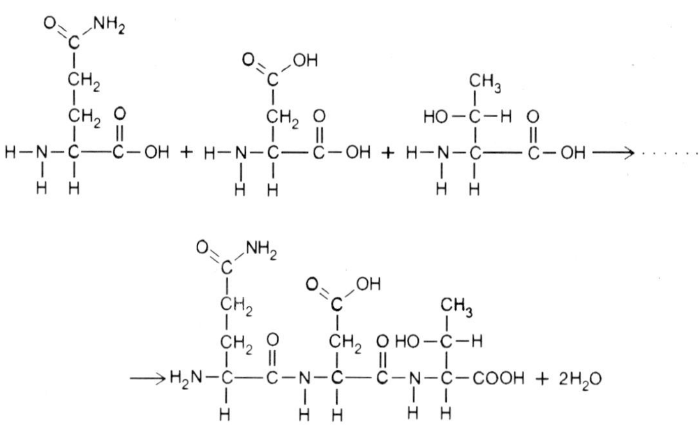

Tripeptid

> **Aufgabe 5:**
> Geben Sie die Formeln für die über die Endiolform verlaufende Umlagerung von Fructose in Glucose an!

Lösung 5:

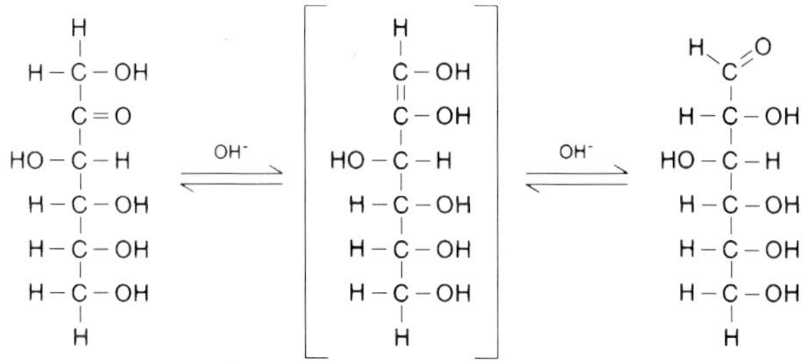

Ketose — Endiolform (nicht isolierbar) — Aldose

> **Aufgabe 6:**
> Geben Sie die Formeln für die α-D-Fructopyranose und die β-D-Fructofuranose an!

Lösung 6:

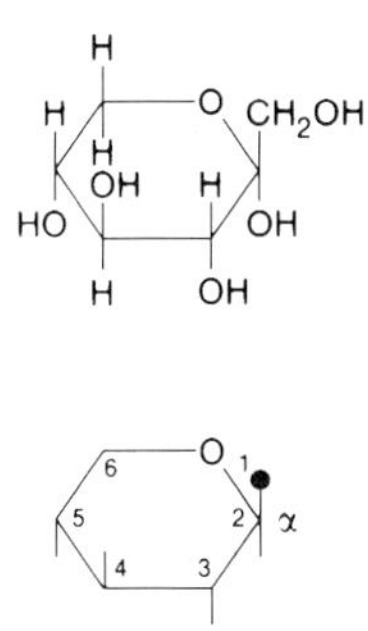

α-D-Fructopyranose
(Ringschluß vom 2. zum

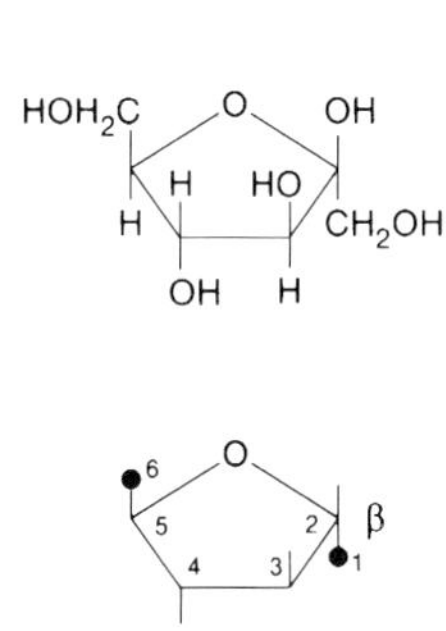

β-D-Fructofuranose
(Ringschluß vom 2. zum
5. C-Atom)

> **Aufgabe 7:**
> Zeigen Sie, aus welcher Form heraus die Fructofuranose mit Fehlingscher Lösung reagiert!

Lösung 7:

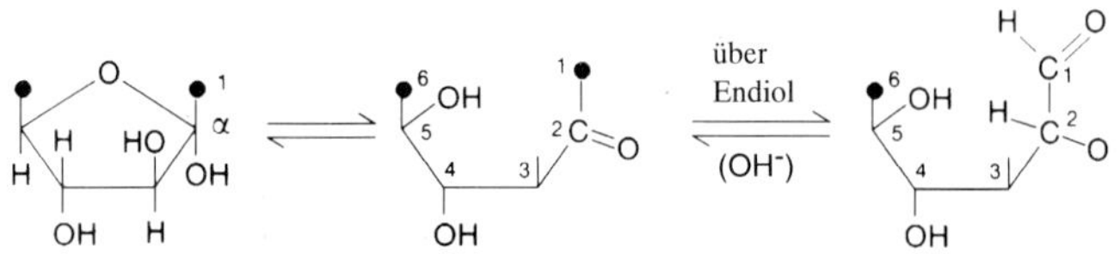

Ketose

Aldose
(wirkt reduzierend)

> **Aufgabe 8:**
> Erklären Sie, wieso Maltose auf Fehlingsche Lösung reduzierend wirkt, so daß ein roter Niederschlag ausfällt!

Lösung 8:
An demjenigen C-1-Atom des Maltosemoleküls, welches keine glykosidische Bindung eingegangen ist, ist die Ausbildung einer reduzierend wirkenden Aldehydgruppe durch Ringöffnung möglich:

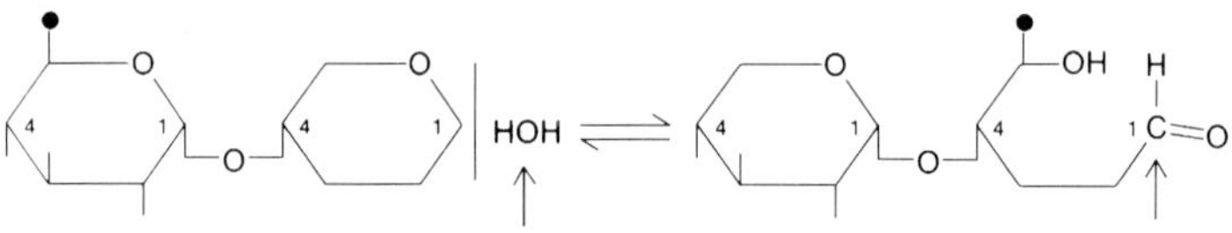

halbacetalische
Hydroxygruppe

Aldehyd-
gruppe

> **Aufgabe 9:**
> Das Saccharosemolekül ist ein Disaccharid aus α-D-Glucose und β-D-Fructofuranose in 1,2-glykosidischer Bindung.
> Wie lautet die Strukturformel von Saccharose?
> Kann Saccharose Fehlingsche Lösung reduzieren? Begründen Sie!

Lösung 9:
Saccharose kann Fehlingsche Lösung nicht reduzieren, weil durch die glykosidische Bindung zwischen dem C-1-Atom der Glucose und dem C-2-Atom der Fructose die durch Ringöffnung eingeleitete Ausbildung reduzierend wirkender Aldehydgruppen blockiert ist:

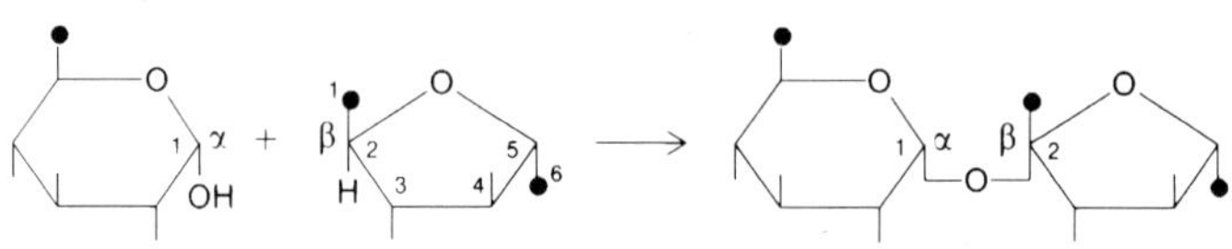

α-Glucose

β-Fructo-
furanose

Saccharose

Aufgabe 10:
Eine Amyloselösung reagiert auf die Fehlingsche Probe negativ, dagegen fällt die Fehlingsche Probe nach Kochen der Amyloselösung mit verdünnter Säure positiv aus. Erklären Sie diese Beobachtungen!

Lösung 10:
Im Polysaccharidmolekül der Amylose liegen die α-D-Glucose-Einheiten in 1,4-glykosidischer Bindung vor. Dadurch wird die Ausbildung von Aldehydgruppen an den C-1-Atomen blockiert, so daß keine Reduktion der Fehlingschen Lösung stattfinden kann.
Durch Kochen mit verdünnter Säure wird infolge der Hydrolyse die Amylose zu Glucoseeinheiten, welche reduzierend wirken, abgebaut.

Aufgabe 11:
Das pflanzliche Reservekohlenhydrat Inulin (im Milchsaft des Löwenzahns und einiger seiner Verwandten) ist ein Polysaccharid, welches aus D-Fructofuranose-Einheiten in 1,2-β-glykosidischer Bindung besteht. Zeichnen Sie einen Ausschnitt aus der Strukturformel des Inulins!

Lösung 11:

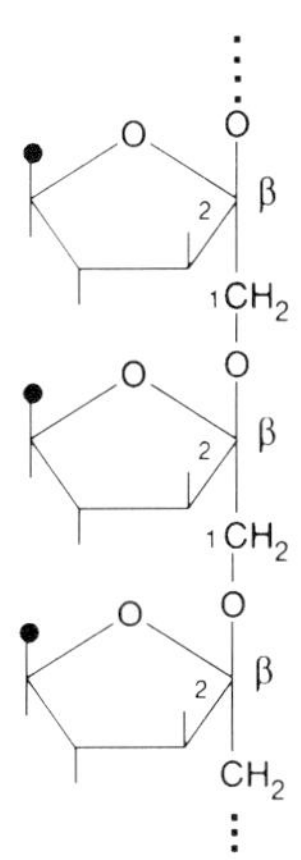

5. Kapitel: Biomembranen und die Transportvorgänge der Zelle

5.1 Struktur und Bedeutung von Biomembranen

Alle Biomembranen bestehen aus einer Doppelschicht aus polaren Lipiden und eingelagerten Proteinen. Die polaren Lipide sind so angeordnet, daß ihre unpolaren Kohlenwasserstoffketten gegeneinander, also zum Inneren der Membran hin ausgerichtet sind. Bei den Proteinen unterscheidet man die relativ leicht ablösbaren peripheren Proteine und die wesentlich fester gebundenen integralen Proteine.

Die Dicke der Lipiddoppelschicht schwankt zwischen 6 und 10 nm. Aus der Außenmembran von Tierzellen ragen Ketten von Zuckermolekülen als Glykokalyx heraus.

Das Plasmalemma (Zellmembran) besteht zu 50–60% aus Proteinen und zu 40–50% aus Phospholipiden, Glykolipiden und Cholesterin. Pflanzlichen Membranen fehlt das Cholesterin; es ist durch Ergosterin und andere Sterine ersetzt; den Bakterien fehlen die Sterine ganz.

Die wichtigsten in der Zytoplasmamembran vorkommenden Membranlipide sind im folgenden zusammengestellt.

Phospholipide:

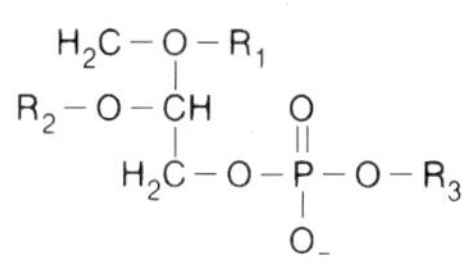

R_1 und R_2 = Fettsäurereste, z. B. der Palmitinsäure

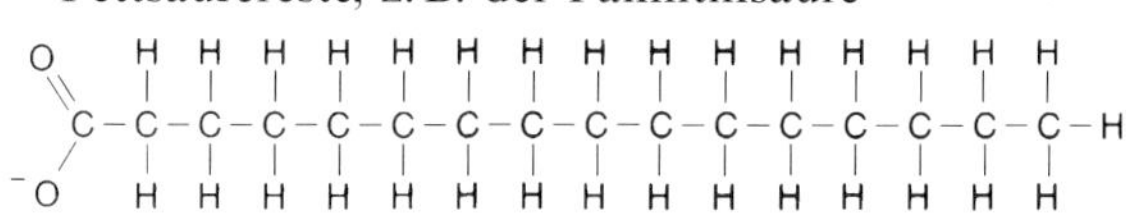

R_3 = Ethanolaminrest (im Phosphatidylethanolamin) $-CH_2-CH_2-NH_2$

= Cholinrest (im Lecithin oder Phosphatidylcholin)

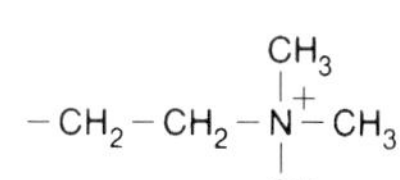

= Serinrest (im Phosphatidylserin)

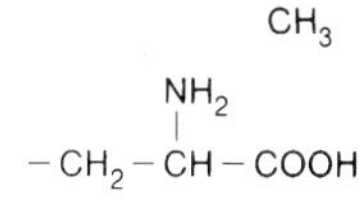

= *myo*-Inosit-Rest (im Phosphatidylinosit)

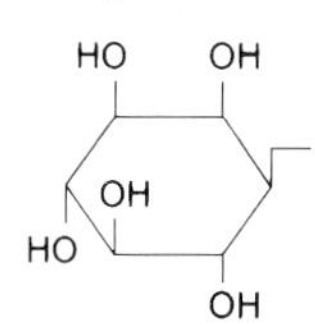

Glykolipide:
z. B. Cerebroside und Ganglioside in tierischen, Mono- und Digalaktosylglyceride in pflanzlichen Zellen.

Sterine:
z. B. Cholesterin

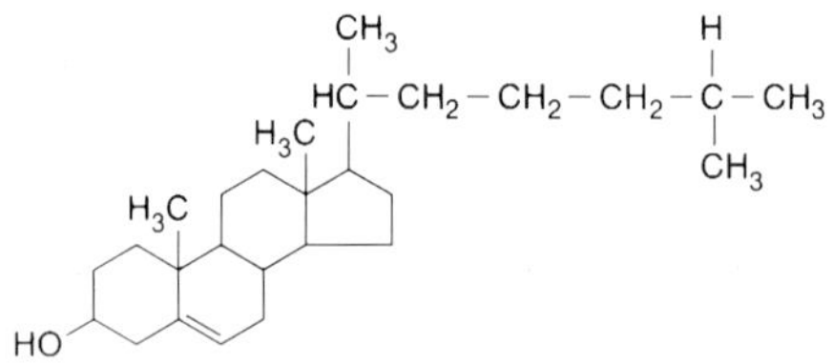

5.1.1 Das dynamische Modell der Biomembran (fluid mosaic model)

Die nach innen ragenden Fettsäureketten der polaren Lipide sind nicht starr gestreckt, sondern in sich beweglich, sie befinden sich in einem quasi „flüssigkristallinen" Zustand. Außerdem sind die Lipidmoleküle der Membran nicht ortsfest verankert und unbeweglich, sondern jedes Lipidmolekül ändert ständig seine Position. Im wesentlichen gilt dies auch für die Proteine.

5.1.2 Stoffdurchlässigkeit der Membran

Für Wassermoleküle ist die Membran wegen deren geringen Größe im Verhältnis zu den großen Membranmolekülen sehr gut durchlässig. Fette und ähnlich gebaute (unpolare) Stoffe permeieren (durchdringen) die Membran aufgrund deren hohen lipophilen Anteils recht gut, dagegen permeieren Zukker und ähnlich gebaute (polare) Stoffe die Membran nur sehr langsam. Der Transport dieser Stoffe und von größeren Ionen wird von spezifischen Membranproteinen bewerkstelligt.

5.1.3 Bedeutung von Biomembranen für die Zelle

Biomembranen dienen der Abgrenzung des Protoplasmas gegenüber der Umgebung, wobei einerseits der Durchtritt bestimmter Stoffe verhindert wird, andererseits aber Stoffe auch bevorzugt durchgelassen oder selektiv hindurchtransportiert werden. Außerdem schaffen Biomembranen bei Zellorganellen Reaktionsräume (Kompartimente) innerhalb der Zelle. Des weiteren bilden sie die Voraussetzung für die verschiedenen Zytosevorgänge.

5.2 Diffusion

Die Diffusion stellt einen passiven Stofftransportvorgang (der Zelle) dar. Sie bezeichnet die Wanderung von Teilchen (Ionen, Moleküle) von einem Ort höherer Konzentration zu einem Ort niederer Konzentration aufgrund ihrer Eigenbewegung. Infolge der Diffusion tritt ein Konzentrationsausgleich zwischen verschiedenen Gas- oder Flüssigkeitsräumen ein, der durch einen dynamischen Gleichgewichtszustand charakterisiert ist, da die Moleküle weiterhin in Bewegung sind.

Molekularbewegung — Eigenbewegung von Gas- oder Flüssigkeitsmolekülen. Die Molekularbewegung führt dazu, daß sich Gase und Flüssigkeiten in dem ihnen zur Verfügung stehenden Raum gleichmäßig ausbreiten.

Brownsche Bewegung — regellose, zitternde Bewegung mikroskopisch kleiner fester oder flüssiger Teilchen in Gasen oder Flüssigkeiten (z.B. Tuscheteilchen in einem Wassertropfen unter dem Mikroskop betrachtet). Die Brownsche Bewegung wird verursacht durch Stöße, welche die in Eigenbewegung befindlichen Moleküle des umgebenden Mediums auf die darin schwebenden Teilchen ausüben.

Diffusionsgeschwindigkeit — Die Diffusionsgeschwindigkeit ist von dem Konzentrationsgefälle, der Diffusionsstrecke, der Temperatur und von der Art des diffundierenden Stoffs abhängig. Bei der Diffusion durch eine Austauschfläche gilt das Ficksche Diffusionsgesetz:

$$\dot{m} = -D \cdot F \cdot \frac{\Delta C}{\Delta x}.$$

Danach ist der Diffusionsstrom (Teilchenfluß) $\dot{m}$ der Konzentrationsdifferenz Δc und der Austauschfläche F direkt proportional und dem Diffusionsweg Δx umgekehrt proportional. Der Proportionalitätsfaktor D ist ein vom Diffusionsmedium, von der Art der diffundierenden Teilchen und von der Temperatur abhängiger Koeffizient und wird deshalb als Diffusionskoeffizient bezeichnet.

Bedeutung der Diffusion für Zellen und Organismen — Der Vorgang der Diffusion gewährleistet den Wasser- und Stofftransport innerhalb der Zelle. Außerdem sind Diffusionsprozesse bei der Aufnahme von Stoffen durch die Zellmembran, beispielsweise bei der Nahrungsresorption in den Verdauungsorganen und beim Austausch der Atemgase, beteiligt.
Die O_2- bzw. CO_2-Diffusion in der Lunge und in den anderen Körperorganen erfolgt stets auf direktem Wege in Richtung der abnehmenden Konzentration. Die Gewebe mit ihren intra- und extrazellulären Räumen müssen also weitgehend homogene Diffusionsräume darstellen. Die Zellorganellen bilden praktisch keine Diffusionshindernisse. Lediglich die Diffusionskoeffizienten der Gewebe unterscheiden sich ein wenig voneinander.

Tabelle 2: Diffusionskoeffizienten *D* für verschiedene biologische Medien bei 37 °C

diffundierende Substanz	Diffusionsmedium	D (cm²/s)
O_2	Blutplasma	$2{,}2 \cdot 10^{-5}$
	Hirnrinde	$1{,}6 \cdot 10^{-5}$
	Muskulatur	$1{,}2 \cdot 10^{-5}$
	Erythrozyt	$0{,}8 \cdot 10^{-5}$
CO_2	Blutplasma	$1{,}9 \cdot 10^{-5}$
	Hirnrinde	$1{,}5 \cdot 10^{-5}$
	Muskulatur	$1{,}2 \cdot 10^{-5}$
	Erythrozyt	$0{,}8 \cdot 10^{-5}$
Glucose	Zytoplasma	$10^{-7} - 10^{-6}$

(aus: Gerhard Thews/Ernst Mutschler/Peter Vaupel, Anatomie, Physiologie, Pathophysiologie des Menschen; 4. Auflage 1991, Wissenschaftliche Verlagsgesellschaft mbH, Stuttgart)

5.3 Osmose

Unter Osmose versteht man die einseitig gerichtete Diffusion durch eine semipermeable Membran. Die einseitige Diffusion kommt zustande, wenn die semipermeable Membran zwei verschieden konzentrierte Lösungen, z. B. Leitungswasser und eine Zuckerlösung, voneinander trennt. Die semipermeable Membran ist in diesem Fall nur für Wassermoleküle, nicht aber für die größeren Zuckermoleküle durchlässig. Infolge der unterschiedlichen Konzentrationen wandern pro Zeiteinheit mehr Wassermoleküle vom Ort höherer Konzentration (reines Wasser) zum Ort geringerer Konzentration (Zuckerlösung) als in umgekehrter Richtung. Die Osmose kommt zum Stillstand, wenn pro Zeiteinheit gleich viele Wassermoleküle in beide Richtungen durch die semipermeable Membran hindurchtreten. Dieser Zustand ist gekennzeichnet durch ein dynamisches Gleichgewicht, in dem sich die Konzentrationen nicht mehr verändern, aber dennoch Wassermoleküle durch die semipermeable Membran hin und her wechseln.

5.3.1 Der osmotische Druck

Der osmotische Druck einer Lösung ist ein Maß für die Summe der Stöße der im Wasser gelösten Teilchen gegen die Grenzflächen.

Osmometer — Apparatur zur Messung des osmotischen Drucks: Ein einseitig mit einer semipermeablen Membran verschlossenes Gefäß (Osmometerglocke) wird zum Beispiel mit einer Zuckerlösung gefüllt und dann in Wasser eingetaucht, die andere Öffnung durch einen Stopfen mit eingesetztem Steigrohr verschlossen. Infolge des Konzentrationsgefälles zwischen der Lösung innerhalb der Osmometerglocke und dem umgebenden Wasser wird osmotisch Wasser aufgenommen, so daß die Lösung im Steigrohr ansteigt. Der Anstieg dauert so lange, bis der sich aufbauende hydrostatische Druck (bedingt durch die Höhe der Wassersäule) das Eindringen weiterer Wassermoleküle verhindert. Die maximale Steighöhe der Lösung ist ein Maß für den osmotischen Druck der Lösung. Mittels eines Osmometers lassen sich so quantitative Druckbestimmungen durchführen.

Eine 1 M Rohrzuckerlösung weist bei 0°C gegenüber Wasser einen osmotischen Druck von 22,69 bar (= $22{,}69 \cdot 10^2$ kPa) auf.

Da der osmotische Druck von der Zahl der pro Volumeneinheit gelösten Teilchen abhängt und nicht von der Teilchensorte, erzeugen äquimolare Lösungen verschiedener Stoffe denselben osmotischen Druck. Solche Lösungen nennt man isoosmotisch oder isotonisch.

osmotischer Wert — Vermögen einer wäßrigen Lösung einen bestimmten osmotischen Druck auszuüben. Der osmotische Wert der Lösung wird in Mol/Liter angegeben und entspricht der Konzentration der Lösung.

5.3.2 Osmotische Zustandsgrößen

Mit zunehmender Wasseraufnahme in die Osmometerglocke sinkt der osmotische Druck, während der hydrostatische Druck zunimmt. Die Druckdifferenz zwischen dem osmotischen und dem hydrostatischen Druck vor Erreichen des Gleichgewichts kann, auf die Osmometerlösung bezogen, als Sog aufgefaßt werden. Die Wassermoleküle werden von der konzentrierten Lösung gewissermaßen angesaugt und festgehalten.

In der folgenden Tabelle sind die ermittelten Werte der Zustandsgrößen für drei verschiedene Phasen eingetragen und in der Abbildung 6 graphisch dargestellt.

	relatives Volumen im Osmometer	osmotischer Wert in mol	osmotischer Druck (O) in atm	hydrostatischer Druck (H) in atm	osmotischer Sog $S = O - H$ in atm
Anfangszustand	1	1	26,6	0	26,6
Zwischenzustand	1,2	0,83	21,3	7,0	14,3
Endzustand	1,5	0,66	17,0	17,0	0

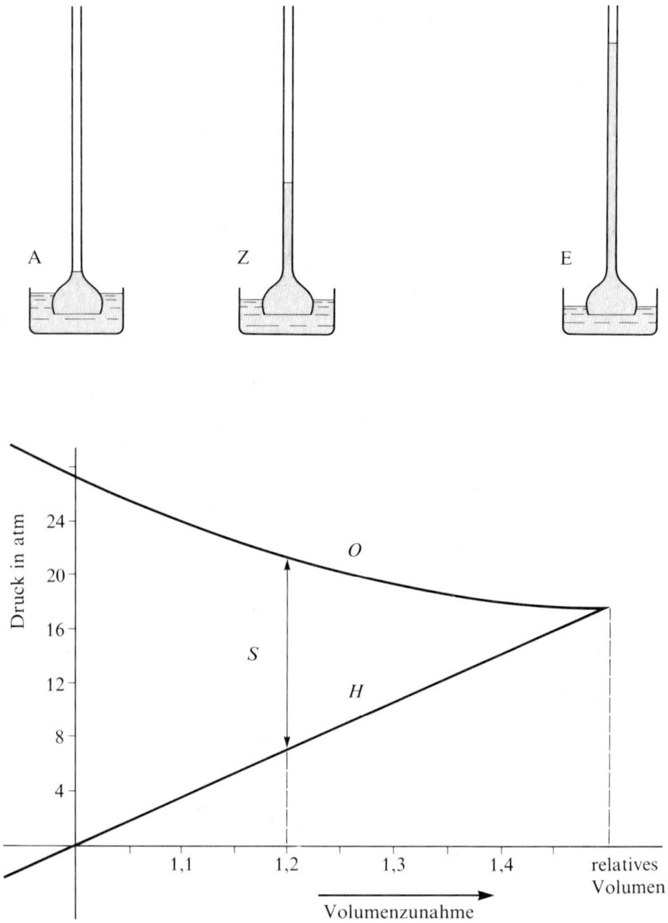

Abbildung 6: Graphische Darstellung der osmotischen Zustandsgrößen im Anfangs- (A), Zwischen- (Z) und Endstadium (E). *O* osmotischer Druck, *H* hydrostatischer Druck, *S* Sog = osmotischer Druck − hydrostatischer Druck (aus: Schmeil, O.: Lehrbuch der Botanik; Quelle & Meyer, Heidelberg 1958).

Am Anfang ist der Sog gleich dem osmotischen Druck, da kein hydrostatischer (Über-) Druck vorhanden ist. In der Endphase geht der Sog gegen Null, da beide Drücke gleich groß sind. Für den Endzustand gilt: Der osmotische Druck ist der als hydrostatischer Druck gemessene Überdruck einer Lösung.

$$\underset{(O)}{\text{osmotischer Druck}} - \underset{(H)}{\text{hydrostatischer Druck}} = \underset{(S)}{\text{osmotischer Sog}}$$

Mit $O = H$ gilt $S = 0$.

5.4 Die Zelle als osmotisches System

5.4.1 Saugspannung der Zelle

der der zellwand anliegende zytoplasmaschlauch, das Plasmalemma und der Tonoplast fungieren in ihrer Gesamtheit als eine semipermeable Membran, der zucker- und salzhaltige Vakuolensaft als Osmometerflüssigkeit. Wird eine Einzelzelle in Wasser gelegt, so saugt der Vakuolensaft so lange Wasser ein, bis der hydrostatische Gegendruck, bei Zellen als Wanddruck oder Turgordruck bezeichnet, gleich dem osmotischen Druck des Zellsaftes ist. Im Zustand der maximalen Dehnung der Zellhülle ist der Sog gleich Null, und die Zelle ist prall und voll turgeszent.

osmotischer Druck − Wanddruck (Turgordruck, Turgor) = Sog (Saugspannung der Zelle)
(O) (W) (S)

Bei Zellen nichtpflanzlicher Gewebe, welche keine Zellwand besitzen, entspricht dem Wanddruck der Druck, den die umliegenden Zellen ausüben. Dieser Außendruck muß auch beim pflanzlichen Gewebeverband berücksichtigt werden:

$$S = O - (W + A)$$

Hier ist A der durch das umliegende Gewebe erzeugte Außendruck.

5.4.2 Bedeutung der Osmose für Zellen und Organismen

Wie die Diffusion spielt auch die Osmose im „Nahbereich“ der Zelle für die Wasserversorgung eine entscheidende Rolle.

Zellmembran einschließlich Plasmaschlauch stellen keine idealen semipermeablen Membranen dar. Deshalb sind sie für kleinmolekulare Substanzen, z.B. für bestimmte Ionen, Harnstoff oder Glucose, durchlässig. Für Wasser allerdings besitzen sie eine noch höhere Permeabilität. Mit dem osmotisch bedingten Wasserstrom gelangen auf diese Weise eine Vielzahl von wasserlöslichen Stoffen in die Zelle. Zum Beispiel nehmen die höheren Pflanzen durch ihr Wurzelsystem mit dem Wasser die darin gelösten Ionen aus dem Erdreich auf.

Krautige, nicht verholzte Pflanzen erhalten ihre Festigkeit durch die osmotisch bedingte Turgeszenz der Zellen. Die Schließzellen der Spaltöffnungen bei Blättern arbeiten aufgrund von Turgeszenzschwankungen.

5.5 Plasmolyse und Deplasmolyse

5.5.1 Plasmolyse

Unter Plasmolyse versteht man das Ablösen des vom Plasmalemma umschlossenen Plasmas von der Zellwand und das Schrumpfen der Zellvakuole infolge Wasseraustritt. Die Plasmolyse läßt sich beobachten, wenn man Pflanzenzellen in eine Salz- oder Zuckerlösung legt, welche gegenüber dem Zellsaft eine größere Konzentration aufweist. Die Zelle gibt dabei an das Außenmedium Wasser ab, wobei Tonoplast, Zytoplasma und Plasmalemma in der Gesamtheit die semipermeable Membran bilden. Die Zellwand ist für Wasser permeabel.

Konkavplasmolyse	Das Plasmalemma hat sich nicht überall von der Zellwand abgelöst, so daß Einbuchtungen zwischen Zellwand und den Bereichen des abgelösten Plasmalemmas zu beobachten sind.
Konvexplasmolyse	Das gesamte Plasmalemma hat sich von der Zellwand abgelöst und der Protoplast hat eine kugelige Gestalt angenommen.
Grenzplasmolyse	Das Plasmalemma hebt sich gerade etwas an einzelnen Stellen (meist in den Zellecken) von der Zellwand ab. Grenzplasmolyse tritt ein, wenn die Konzentration des Außenmediums diejenige der Vakuole nur wenig übersteigt.

5.5.2 Deplasmolyse

Die Deplasmolyse ist der bezüglich der Plasmolyse umgekehrte Vorgang: Plasmolysierte Zellen nehmen Wasser in die Vakuole auf, wobei das Plasmalemma wieder an die Zellwand gedrückt wird. Deplasmolyse tritt ein, wenn die Konzentration der Außenlösung geringer ist als diejenige der Vakuole.

5.6 Carriertransport

Im Gegensatz zu den bisher erwähnten Transportmechanismen stellt der Carriertransport einen Transport von Ionen oder Molekülen durch die Zellmembran mit Hilfe eines Trägers (Carriers) dar. Ein solcher Carrier ist ein membrangebundenes Molekül, das mit dem zu transportierenden Teilchen einen Komplex bildet, wobei dieser das Teilchen an der anderen Membranseite entläßt. Beim **passiven Transport** wird eine Substanz S entlang eines Konzentrationsgefälles durch die Biomembran transportiert. Das Carriermolekül Cm bildet mit einem Molekül der Substanz S einen Komplex Cm−S. Hierbei ist die Bindung Cm−S zur Ausgangsseite der Membran gerichtet. Durch eine Konformationsänderung des als integrales, die Membran durchziehendes Membranprotein aufzufassenden Carriers (z.B. Ionenkanal) dreht sich die Cm−S-Bindung zur anderen Membranseite. S kann jetzt von Cm abdissoziieren. Der wieder freigewordene Carrier Cm nimmt dann die ursprüngliche Konformation an und ist wieder zur Aufnahme eines Moleküls bereit. Der Carriertransport ist manchmal mit einem Energieverbrauch der Zelle verbunden. Die Energie wird aus der Spaltung von ATP bereitgestellt. Das entsprechende Ion oder Molekül kann somit gegen ein Potential- oder Konzentrationsgefälle transportiert werden (**aktiver Transport**).

5.7 Zytose

Als Zytose bezeichnet man den Stofftransport bei Zellen, der mit dem Auf- und Abbau von Zellmembranen verbunden ist. Somit sind Zytosevorgänge ein wichtiger Aspekt des gesamten Membranflusses der Zelle.

Endozytose	Stoffaufnahme in das Zellinnere durch Abschnürung einer Endozytosevakuole aus der äußeren Zellmembran (Plasmalemma). Zuvor wird der aufzunehmende Stoff von einem Teil des Plasmalemmas, der sich eingestülpt hat, bläschenartig umschlossen. Nach dem aufzunehmenden Stoff unterscheidet man Pino- und Phagozytose.
Phagozytose	Aufnahme von festen Nahrungspartikeln; dabei Bildung von Nahrungsvakuolen.
Pinozytose	Aufnahme von Flüssigkeit mit darin gelösten Stoffen; unter Ausbildung feinster Kanälchen werden anschließend im Zellinneren kleine Vakuolen abgeschnürt, dann verschmelzen diese mit Sektretvakuolen (Lysosomen), die in der Zelle gebildet wurden und die Verdauungsenzyme enthalten.
	Außer bei Einzellern spielen Endozytosevorgänge auch im vielzelligen Organismus eine bedeutende Rolle, z.B. bei der Resorption der Verdauungsprodukte durch die Epithelzellen des Darms und bei der Vernichtung von Krankheitserregern durch bestimmte Lymphozyten.
Exozytose	Ausscheidung von Stoffen durch Verschmelzung der Vakuolenmembran mit dem Plasmalemma, z.B. bei Speicheldrüsen und Hormondrüsen bzw. bei der Abgabe von Abfallstoffen aus der intrazellulären Verdauung. Hierzu wandern Golgi-Vesikel zur Zelloberfläche, verschmelzen mit dem Plasmalemma und entleeren sich so nach außen.

5.8 Aufgabenbeispiele

Aufgabe 1:
Beschriften Sie die vorliegende schematische Skizze zum Modell der Biomembran!

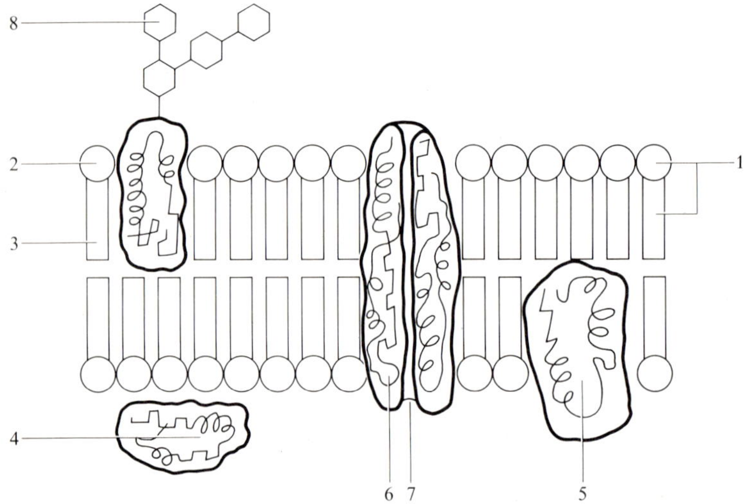

Lösung 1:

1 = polares Lipid;
2 = polare hydrophile Gruppe des Lipids;
3 = nichtpolare hydrophobe Kohlenwasserstoffketten;
4 = assoziiertes oder peripheres Protein; } globuläre Proteine
5 = integrales Protein; } globuläre Proteine
6 = Porenprotein; } globuläre Proteine
7 = Pore;
8 = Kohlenhydrate.

Aufgabe 2:
Die physiologische Bedeutung der Diffusion liegt vorwiegend im Größenbereich einer Zelle oder weniger hintereinanderliegender Zellen.
Wie läßt sich diese Erscheinung erklären?

Lösung 2:
Die Diffusionsgeschwindigkeit ist dem Diffusionsweg umgekehrt proportional. Das bedeutet, daß bei kleinem Diffusionsweg die Diffusionsgeschwindigkeit groß ist, bei größer werdenden Distanzen jedoch immer kleiner wird.

Aufgabe 3:
Die gesamte innere Lungenoberfläche, welche durch die Lungenbläschen gebildet wird, wurde für den Menschen auf 80–100 m^2 berechnet und beträgt somit ein Vielfaches der Körperoberfläche.
Welchen Sinn hat wohl der hohe Wert für die innere Oberfläche der Lunge?

Lösung 3:
Laut Diffusionsgesetz ist die Diffusionsgeschwindigkeit der Austauschfläche, an welcher die Diffusion stattfindet, direkt proportional. Das bedeutet, je größer die Austauschfläche in der Lunge ist, desto schneller können die Atemgase diffundieren.

Aufgabe 4:
Der Transport von Sauerstoff erfolgt aus der Atemluft über das Blut zu den Körperorganen, welche ihn aufnehmen. Der Weg des Kohlenstoffdioxids verläuft in entgegengesetzter Richtung.
Erklären Sie die Wanderungsrichtung der Atemgase anhand der für die Diffusion geltenden Gesetzmäßigkeiten!

Lösung 4:
Die Diffusion ist abhängig vom Unterschied der Gaskonzentrationen in den benachbarten Räumen.

Gasaustausch in der Lunge		
Lungenbläschen		Blut in den Kapillaren der Alveolen
höhere $c(O_2)$,		niedrigere $c(O_2)$
also	Diffusionsrichtung O_2 $\longrightarrow$	
niedrigere $c(CO_2)$,		höhere $c(CO_2)$
also	$\longleftarrow$ Diffusionsrichtung CO_2	

Gasaustausch in den Zellen der Körperorgane		
Blut in den Kapillaren der Organe		Körperzellen
höhere $c(O_2)$		niedrigere $c(O_2)$
also	Diffusions- $\longrightarrow$ richtung O_2	
niedrigere $c(CO_2)$,		höhere $c(CO_2)$
also	Diffusions- $\longleftarrow$ richtung CO_2	

Aufgabe 5:
Zellvakuolen lassen sich mit dem Farbstoff Neutralrot anfärben. Beobachtet man den Vorgang der Anfärbung eine Zeitlang im Mikroskop, so bemerkt man, daß die Vakuole intensiver rot wird als die entsprechende Farblösung im Außenmedium.
Erklären Sie diese Erscheinung!

Lösung 5:
Die relativ großen Neutralrotmoleküle können wegen ihres unpolaren Baus die Zellmembran passieren und infolge der Diffusion in die Vakuole gelangen. Im saueren Milieu des Zellsafts nehmen sie Protonen nach folgender Reaktionsgleichung auf:

$$\text{Neutralrot} + H^+ \rightarrow \text{Neutralrot}{-}H^+ \ .$$

Für die nicht mehr als unpolare, sondern als polare Kationen vorliegenden Moleküle bedeutet die Zellmembran ein unüberwindliches Hindernis. Wegen des Konzentrationsunterschieds an ungeladenen Neutralrotmolekülen zwischen Außenmedium und Vakuole diffundieren permanent weitere Moleküle nach. Da zunächst alle in die Vakuole eintretenden Moleküle in Ionen umgewandelt werden, erfolgt der Konzentrationsausgleich bezüglich der Neutralrotmoleküle erst zu einem Zeitpunkt, an dem die Vakuole schon stärker angefärbt ist als das Außenmedium.

Aufgabe 6:
Bei Behandlung von neutralrotgefärbten Zwiebelzellen mit stark verdünnter Ammoniaklösung kann man unter dem Mikroskop beobachten, wie die ursprünglich intensiv rot gefärbte Vakuole verblaßt.
Erklären Sie dieses Phänomen!

Lösung 6:
Durch Diffusion gelangen die unpolaren NH_3-Moleküle in die Zellvakuole. In der Vakuolenflüssigkeit entstehen nach folgendem Vorgang Ammoniumionen:

$$NH_3 + \text{Neutralrot}-H^+ \rightarrow NH_4^+ + \text{Neutralrot}$$

Da die entstehenden Neutralrotmoleküle unpolar sind, können sie die Zelle durch Diffusion bis zum Konzentrationsausgleich verlassen.

Aufgabe 7:
Welche der beiden wäßrigen Lösungen übt einen höheren osmotischen Druck aus, eine 1 M Glucoselösung oder eine 1 M Kochsalzlösung?

Lösung 7:
Die 1 M Kochsalzlösung hat einen höheren osmotischen Druck, da Salze in Wasser in ihre Ionen dissoziieren und diese sich osmotisch wie einzelne Moleküle verhalten.

Aufgabe 8:
Die Entleerungsfrequenz der kontraktilen Vakuolen beim Pantoffeltierchen sinkt mit steigender Salzkonzentration des umgebenden Wassers. Bei Meereseinzellern fehlen die kontraktilen Vakuolen bzw. sind doch zumindest funktionell stark reduziert.
Wie erklärt sich die Abhängigkeit der Entleerungsfrequenz von der Salzkonzentration des Wassers?

Lösung 8:
Je höher die Salzkonzentration im umgebenden Medium ist, um so weniger Wasser dringt auf osmotischem Weg in den Einzeller ein, d.h., die kontraktile Vakuole braucht nicht so viel Wasser auf aktivem Weg aus der Zelle hinauszuschaffen. Die Salzkonzentration im Meerwasser ist so hoch, daß eine osmotische Wasseraufnahme ausgeschlossen ist.

Aufgabe 9:
Bringt man Erythrozyten nicht in isotonische, sondern a) in eine hypertonische oder b) in eine hypotonische Lösung jeweils ausreichender Konzentration, so läßt sich bei a) eine Schrumpfung, bei b) eine Volumenzunahme der roten Blutzellen beobachten. Bei entsprechender geringer Konzentration der Lösung können die Zellen sogar platzen.
Welches sind die Ursachen dieser Erscheinungen?

Lösung 9:
In hypertonischer Lösung verlieren die Zellen durch Osmose Wasser, im umgekehrten Fall nehmen Zellen in hypotonischer Lösung auf osmotischem Weg Wasser auf. Da keine stabile Zellwand vorhanden ist (im Unterschied zur Pflanzenzelle), schrumpfen bzw. vergrößern sich die Zellen. Im Extremfall kann die Zellmembran überdehnt werden, und die Zelle kann platzen.

Aufgabe 10:
Erklären Sie das Aufplatzen reifer Früchte an Bäumen (z.B. Kirschen) nach ausgiebigen Regenfällen!

Lösung 10:
Durch ihren hohen Zuckergehalt nehmen die Fruchtzellen auf osmotischem Weg so viel Wasser auf, daß sogar die verdickten Zellwände dem Turgor nicht mehr standhalten können. Die Zellen platzen.

Aufgabe 11:
Wie ändern sich die osmotischen Zustandsgrößen einer Zelle, wenn die Plasmolyse bis zur Konvexplasmolyse durchgeführt wird?

Lösung 11:
Vor Beginn der Plasmolyse ist der osmotische Druck gleich dem hydrostatischen Druck in der Zelle und die Saugspannung gleich Null. Mit Einsetzen des Plasmolysevorganges verliert die Vakuole Wasser, und die Konzentration der gelösten Stoffe nimmt zu. Das bedeutet wiederum, daß der hydrostatische Druck sinkt, der osmotische Druck ansteigt und mit ihm der Sog. Im Endzustand, z.B. der Konvexplasmolyse, hat der Sog seinen höchstmöglichen Wert erreicht und verhindert einen weiteren Wasseraustritt.

Aufgabe 12:
Eine Pflanzenzelle soll sich im Zustand a) der Plasmolyse bzw. b) der Deplasmolyse befinden (siehe Abbildung unten).
Ordnen Sie für die beiden Fälle den Bereichen I, II und III die Begriffe „hypertonisch" bzw. „hypotonisch" zu!

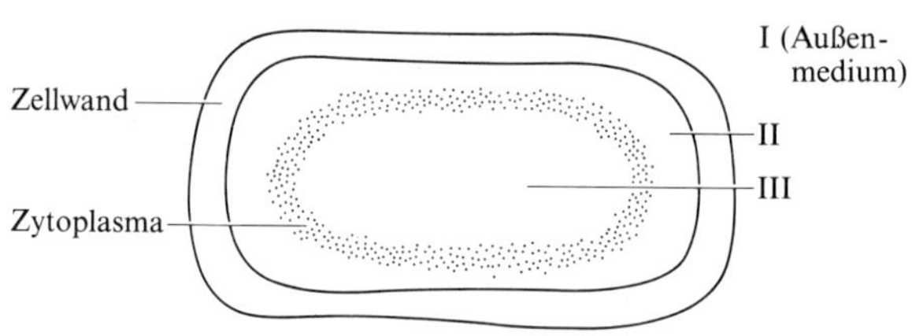

Lösung 12:

Für Fall a) Plasmolyse:	I	–	hypertonisch;
	II	–	hypertonisch;
	III	–	hypotonisch;
Für Fall b) Deplasmolyse:	I	–	hypotonisch;
	II	–	hypotonisch;
	III	–	hypertonisch.

Aufgabe 13:
Von lebenden Zellen des Zwiebelhäutchens soll mit Hilfe der Grenzplasmolyse der osmotische Wert des Zellsaftes bestimmt werden.
Erläutern Sie die Vorgehensweise!

Lösung 13:

1) Herstellung von Testlösungen durch stufenweise Verdünnung einer 1 M Glucose- oder Kaliumnitratlösung:
   Verdünnungsreihe:
   1,0 0,9 0,8 0,7 0,6 0,5 0,4 0,3 0,25 0,2 0,15 0,1 0,05 mol/l
2) Mikroskopische Präparate von Zwiebelhäutchen werden ca. 1 Stunde in die Testlösungen gelegt und danach unter dem Mikroskop untersucht.
3) Ermittlung derjenigen Testlösung, in welcher 50% der Zellen eines Präparats Grenzplasmolyse zeigen. Die Konzentration dieser Testlösung entspricht dem osmotischen Wert des Zellsaftes der Zwiebelhäutchenzellen.

Aufgabe 14:
Vergleichen Sie Phagozytose und Pinozytose bei einer Amöbe!
Welche Unterschiede lassen sich im Lichtmikroskop beobachten?

Lösung 14:

Phagozytose:
Umfließen eines Nahrungspartikels mit Hilfe eines Scheinfüßchens (Pseudopodium). Die Beute wird glockenförmig umschlossen. Die auf diese Weise entstandene Einstülpung der Zellmembran schnürt sich ab und führt zur Ausbildung einer Nahrungsvakuole im Inneren der Zelle.

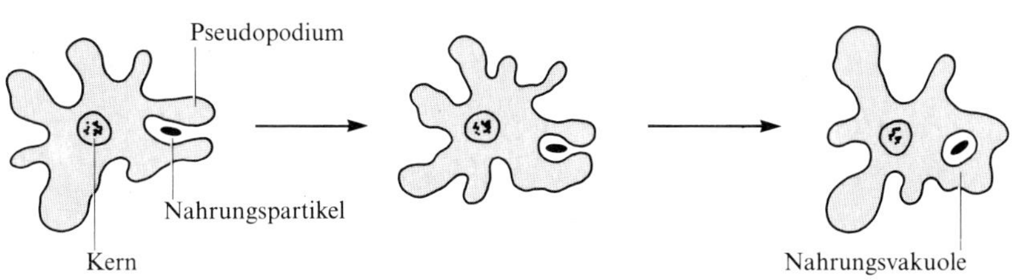

Pinozytose:
Ausbildung eines typischen kurzen Pseudopodiums an der Stelle, wo Flüssigkeit aufgenommen werden soll. Innerhalb des Pseudopodiums entsteht ein Kanälchen, durch welches die Flüssigkeit „getrunken" wird. Im Inneren der Zelle löst sich das Kanälchen in kleine die Flüssigkeit enthaltende Vakuolen auf.

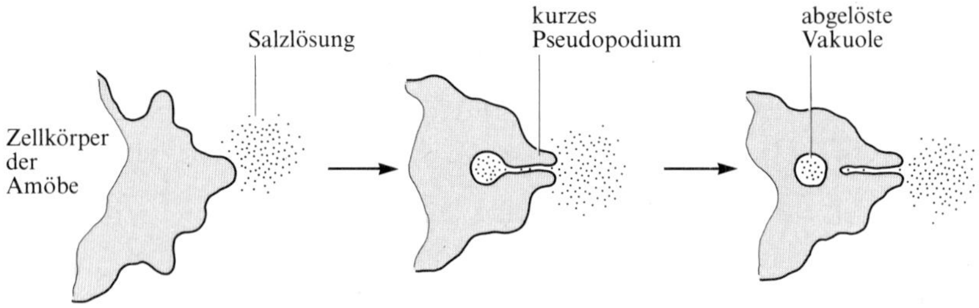

Aufgabe 15:
Beobachtet man Amöben, welche 3 bis 5 Tage gehungert haben, bei der Pinozytose, so kann man feststellen, daß sie im Verlauf von 15 bis 20 Minuten deutlich kleiner geworden sind.
Erklären Sie dieses Phänomen!

Lösung 15:
Ursache dieser Erscheinung ist der Membranfluß während des Endozytosevorgangs. Der Verbrauch der Oberflächenmembran zur Bildung der Vakuolen ist so beträchtlich, daß die Zelle kleiner wird und die Pinozytose deshalb nach einiger Zeit zum Stillstand kommt.

Aufgabe 16:
Kennzeichnen Sie bei der Abbildung die Vorgänge im Zellstoffwechsel einschließlich der daran beteiligten Zellstrukturen mit Hilfe der Zahlen 1 bis 6!

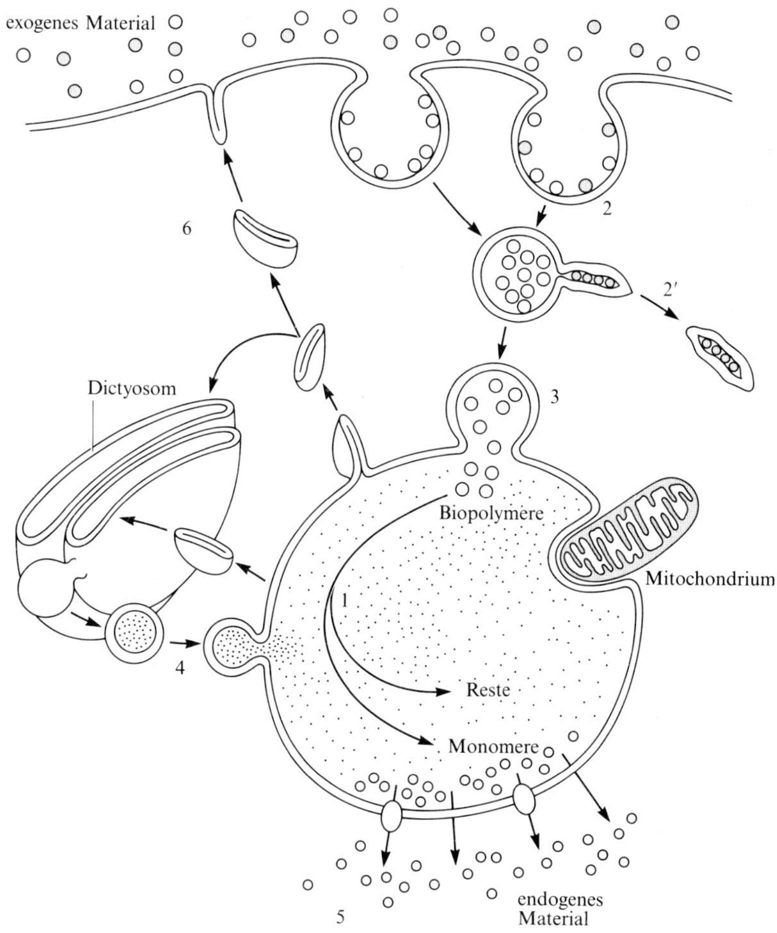

Lösung 16:
1 = Abbau von Polymeren zu Monomeren (Verdauung) in einem Lysosom;
2 = Abschnürung von Endozytosebläschen von der Zellmembran;
2′ = Absonderung von Abfallstoffen im Endosom;

3 = Fusion von Endosom (mit darin enthaltenen Verdauungssubstraten) und Lysosom;
4 = selektiver Enzymtransport durch Golgi-Vesikel vom Dictyosom zum Lysosom;
5 = Entleerung des Lysosoms: Abgabe der Abbauprodukte (Monomere);
6 = Rückführung von lysosomalem Membranmaterial zur Zellmembran, direkt oder über den Golgi-Apparat (Membranrecycling).

6. Kapitel: Vermehrung von Zellen

6.1 Mitotische Zellteilung

Beim Einzeller und beim vielzelligen Organismus werden Zellen neu gebildet, indem sich die bereits vorhandene Zelle teilt (Zellteilung) und die beiden Tochterzellen zur Größe der Ausgangszelle heranwachsen.

Der Teilung der Euzyte geht die Kernteilung voraus (Mitose), welche einen charakteristischen Verlauf zeigt und in 4 Phasen gegliedert werden kann:

Prophase	Sichtbarwerden der Chromosomen im Lichtmikroskop. Aus der im Mikroskop nicht sichtbaren dünnen fadenartigen Struktur des Chromosoms (Chromatin) bildet sich durch Spiralisierung des Fadens die sogenannte Transportform. Ein Chromosom läßt zwei Längshälften (Chromatiden) erkennen, welche an einer Stelle, dem Zentromer, zusammengehalten werden. Die Kernmembran löst sich auf. Bei Tierzellen teilt sich das Zentriol, und die beiden Tochterzentriolen wandern an die entgegengesetzten Pole der Zelle. Die Kernteilungsspindel (Spindelapparat) wird ausgebildet.
Metaphase	Die Chromosomen ordnen sich in der Äquatorialebene der Zelle an und bilden die Äquatorialplatte.
Anaphase	Auseinanderrücken der Chromatiden jedes Chromosoms und Wanderung je eines der beiden Schwesterchromatiden an die entgegengesetzten Pole der Zelle. Dies wird ermöglicht durch spezielle Zugfasern des Spindelapparates, die sich an jedes Zentromer eines Chromatids angeheftet haben.
Telophase	Entspiralisierung der Chromatiden, Herausbildung des Chromatingerüsts und der Kernmembran, Abbau der Kernteilungsspindel; Durchschnürung des Zellkörpers. Auf diese Weise entstehen zwei Tochterzellen mit je einem Zellkern. In der anschließenden Interphase (Phase zwischen zwei Mitosen) werden die Chromatiden zu vollständigen Chromosomen ergänzt.

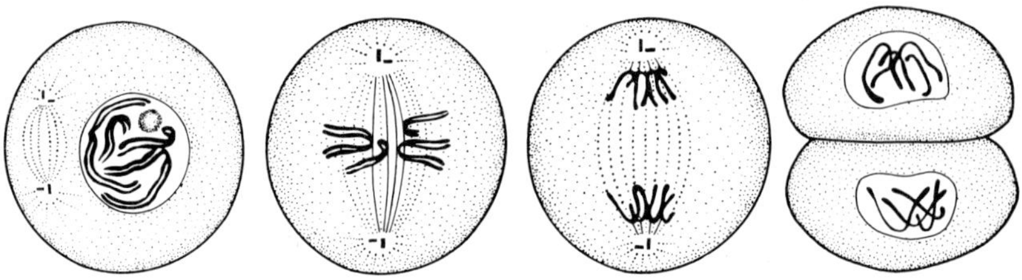

Abbildung 7: Mitotische Zellteilung (aus: Gerhard Thews/Ernst Mutschler/Peter Vaupel, Anatomie, Physiologie, Pathophysiologie des Menschen; 4. Auflage 1991, Wissenschaftliche Verlagsgesellschaft mbH, Stuttgart)

6.2 Aufgabenbeispiele

Aufgabe 1:
Worin liegt der biologische Sinn der Mitose bei der Zellteilung?

Lösung 1:
Am Ende einer Mitose sind zwei Tochterzellen mit je einem Zellkern entstanden, wobei sich die Anzahl der Chromosomen pro Zelle im Vergleich zur Ausgangszelle nicht geändert hat. Der biologische Sinn der Mitose liegt also in der gleichmäßigen Verteilung des Erbgutes der Mutterzelle auf die Tochterzellen, und zwar in dem Sinn, daß jede Zelle die gleichen Chromosomen mitbekommt.

Aufgabe 2:
Eine Körperzelle des Menschen besitzt einen doppelten (diploiden) Chromosomensatz (2n). Der einfache (haploide) Satz besteht aus 23 Chromosomen (n).
Wieviel Chromosomen liegen in einer Tochterzelle nach einer Mitose vor?

Lösung 2:
In den Tochterzellen liegen 46 Chromosomen vor, da in ihnen nach der Mitose ebenfalls ein diploider Satz vorhanden sein muß.

Aufgabe 3:
Beschreiben Sie Anzahl und Art der Chromosomen in der Körperzelle des Menschen!

Lösung 3:
In den Körperzellen liegen die Chromosomen immer paarweise vor. Die Chromosomen eines Paares werden als homologe Chromosomen bezeichnet. Die homologen Chromosomen gleichen sich in Form und Größe mit Ausnahme der Geschlechtschromosomen (= Heterosomen) im männlichen Geschlecht: eines der beiden Chromosomen ist kleiner als das andere und wird als Y-Chromosom bezeichnet. Das andere Heterosom heißt X-Chromosom. Das weibliche Geschlecht besitzt 2 X-Chromosomen pro Körperzelle. Die Chromosomen, welche nicht Heterosomen sind, nennt man Autosomen.

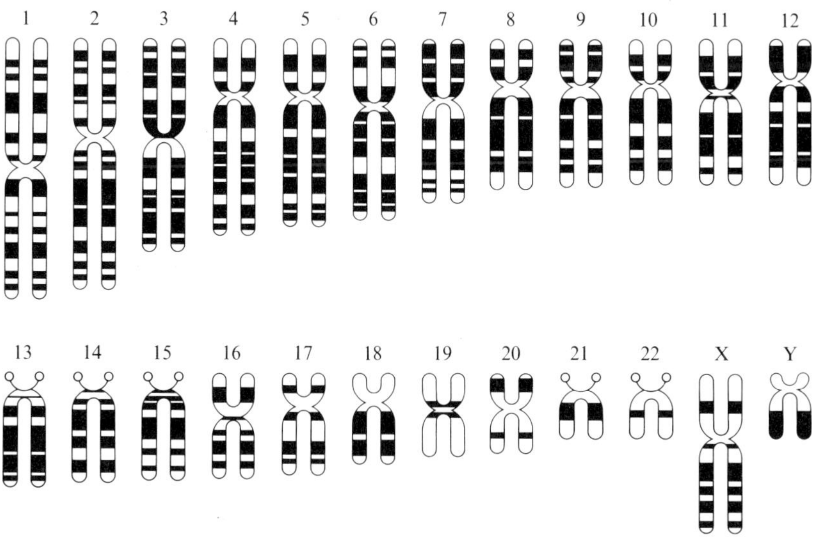

Abbildung 8: Chromosomensatz des Menschen (haploider Autosomensatz und zwei Geschlechtschromosomen) (aus: Gerhard Thews/Ernst Mutschler/Peter Vaupel, Anatomie, Physiologie, Pathophysiologie des Menschen; 4. Auflage 1991, Wissenschaftliche Verlagsgesellschaft mbH, Stuttgart)

Für Anzahl und Art der Chromosomen in einer menschlichen Körperzelle ergibt sich also:
23 Paar homologe Chromosomen (2 haploide Sätze = 1 diploider Satz), davon 22 Paar Autosomen und 1 Paar Heterosomen.

männliche Körperzelle	weibliche Körperzelle
$2 \cdot 22$ A X Y	$2 \cdot 22$ A X X

Aufgabe 4:
In der folgenden Abbildung ist der haploide Chromosomensatz einer Zelle in schematischer Form wiedergegeben (der Spindelapparat wurde aus Gründen der besseren Übersichtlichkeit weggelassen).
a) Zeichnen Sie die Chromosomenanordnung für die Pro-, Meta- und Anaphase in entsprechender Weise!
b) Wie sieht das Bild in der auf die Interphase folgenden nächsten Prophase aus?

Lösung 4:
a)

Prophase

Metaphase

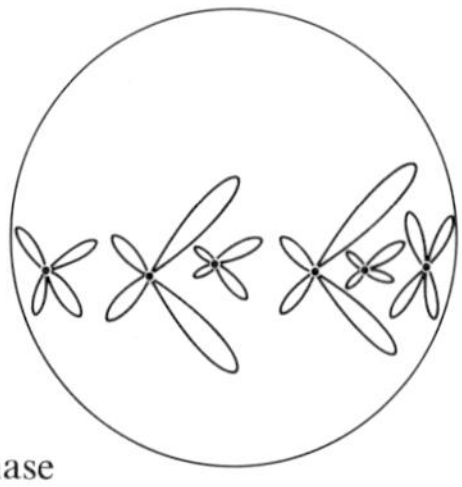

Anaphase

b) nächste Prophase:

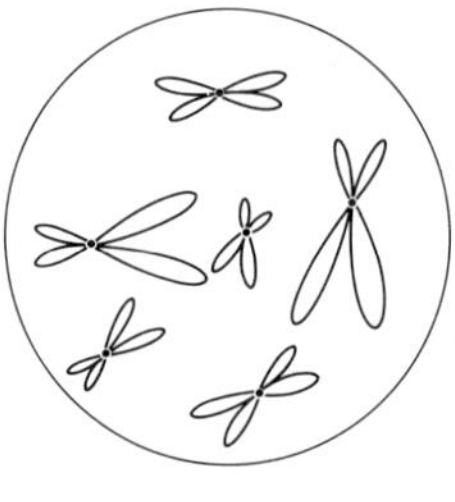

Aufgabe 5:

a) Welches Mitosestadium liegt bei der im folgenden Bild dargestellten Zelle vor?

b) Zeichnen Sie den zugrundeliegenden haploiden Chromosomensatz! Begründen Sie Ihre Antworten!

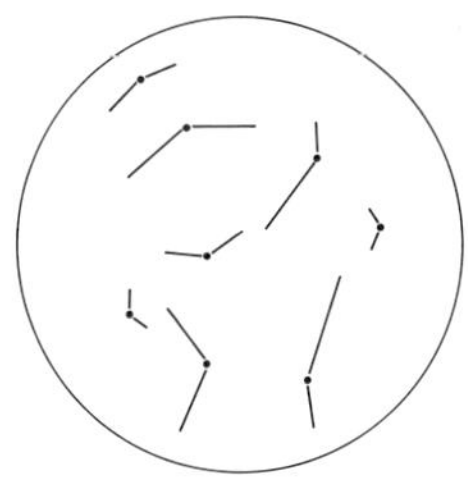

Lösung 5:

a) Die obige Darstellung zeigt das Mitosestadium der Telophase.
Es ist jeweils 1 Chromatid von 8 Chromosomen (= 4 Paar homologe Chromosomen) zu sehen, d.h., die Chromosomen müssen sich kurz vorher der Länge nach geteilt haben.
Die Mutterzelle hat sich bereits durchgeschnürt, so daß die Tochterzelle – von zwei Tochterzellen ist nur eine dargestellt – eine vollständige Zellmembran besitzt.

b) Jedes Chromatid muß zu einem vollständigen Chromosom ergänzt werden, allerdings darf im haploiden Chromosomensatz nur jeweils eines der beiden homologen Chromosomen vorkommen:

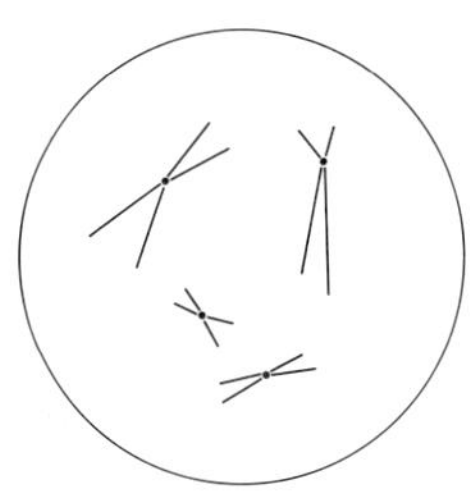

7. Kapitel: Die Zelle als Bau- und Funktionseinheit des Organismus

7.1 Übergang vom einzelligen zum vielzelligen Organismus

einzelliger Organismus (Einzeller)	Die einzelne Zelle ist Träger aller Lebensfunktionen und dadurch für sich allein lebensfähig. Die Funktionen umfassen Stoffwechsel (Nahrungsaufnahme, Verdauung, Ausscheidung), Energieumsatz, Wachstum, Vermehrung, Bewegung und Reizbarkeit. Dafür stehen in der Zelle die Organellen zur Verfügung, welche sich auf bestimmte Leistungen „spezialisieren" (Arbeitsteilung innerhalb der Zelle).
funktionsspezifische Zelldifferenzierung	Besondere Ausbildung bestimmter Strukturen einer Zelle, so daß die Zelle als Bestandteil eines Zellverbandes spezielle Aufgaben übernehmen kann: Arbeitsspezialisierung (Arbeitsteilung zwischen verschiedenen Zellen). Ohne eine solche Zelldifferenzierung und Arbeitsspezialisierung bestimmter Zellen wären die übrigen Zellen und somit der gesamte Zellverband nicht überlebensfähig (siehe Tabelle Seite 74ff.). Beispiele für erste Anfänge einer funktionsspezifischen Zelldifferenzierung sind die Grünalgenkolonie Volvox und der Tierstamm der Schwämme.
lockerer Zellverband	Zusammenschluß von mehr oder weniger selbständigen Zellen (mit oder ohne funktionsspezifische Differenzierung). Beispiele aus dem Pflanzenreich: Zellkolonien von Gonium (plattenförmig, 16 Zellen in Gallerthülle), Eudorina (kugelförmig, 32 Zellen in Gallerthülle). Alle Zellen sind gleichartig und bilden nur eine räumliche Verbundenheit: Jede Zelle kann z.B. eine neue Kolonie bilden. Beispiel aus dem Tierreich sind die Schwämme: In den beiden Zellschichten („Lager") eines Schwammes sind die einzelnen Zellen noch ziemlich selbständig. Das zeigt sich z.B. darin, daß sich Kragengeißelzellen (Choanozyten) des Gastrallagers sich nur an der Basis berühren, oder die Zellen eines Schwammes können unter bestimmten Bedingungen voneinander getrennt werden, wobei sie sich nach einiger Zeit wieder zum ursprünglichen Schwamm zusammenfinden.

Tabelle 3: Beispiele für funktionsspezifische Differenzierung und Arbeitsspezialisierung bei Zellen

Zelltyp	Zelldifferenzierung	Arbeitsspezialisierung
Epithelzellen:	Zellen liegen eng beieinander und bilden eine geschlossene Fläche; eine Basallamina grenzt das Epithel gegen das darunter liegende Bindegewebe ab.	Abgrenzung von inneren Körperorganen.
– aus einschichtigem Plattenepithel 	– Zellen flach, untereinander verzahnt	z. B. in inneren Wänden von Blut- und Lymphgefäßen, Häuten der Brust- und Bauchhöhle.
– aus einschichtigem Zylinderepithel 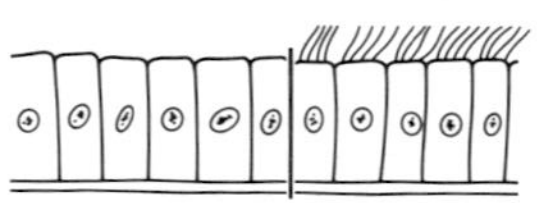 ohne mit Kinozilien	– Zellen langgestreckt, Wimperzellen mit Kinozilien	Auskleidung von Organstellen mit sekretorischer und resorptiver Tätigkeit, z. B. Magen-Darm-Kanal (ohne Kinozilien), Gallenblase, Eileiter (mit Kinozilien). Synchrones Schlagen der Kinozilien bewirkt Transport von Sekreten.

– aus mehrreihigem Zylinderepithel mit Kinozilien 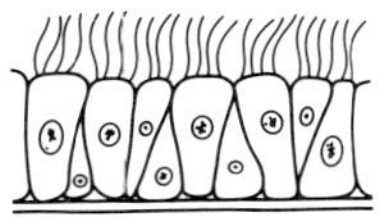		z. B. in den Luftwegen beim Menschen.
– einzellige Drüse (Becherzelle): 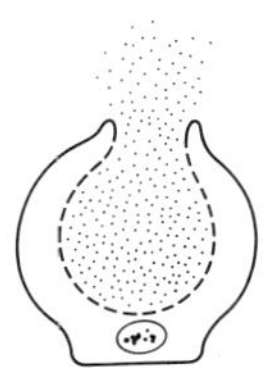	Zelle becherförmig, lumenständige Zellmembran zerreißt und wird zum Extrazellularraum abgestoßen; reichhaltiges ER, stark entwickelter Golgi-Apparat.	besondere Befähigung zur Exozytose, zur Sekretion von Schleim; z. B. im Dünndarmepithel, Gallenblasenepithel, Epithel der Luftwege.

glatte Muskelzelle: 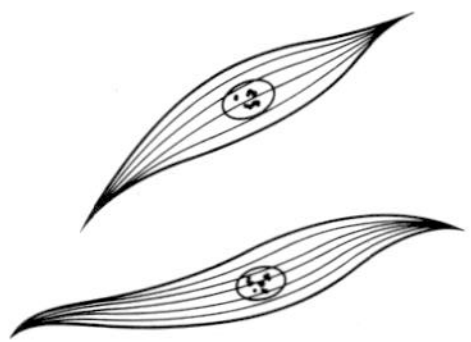	spindelförmige, langgestreckte Zelle, enthält Myofibrillen, viele Mitochondrien.	Befähigung zur Kontraktion, Bewegung der Eingeweideorgane.
Nervenzelle: 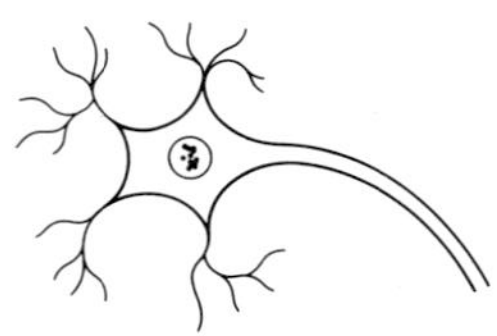	besitzt als besondere im Lichtmikroskop zu erkennende Einrichtungen kurze reich verzweigte Fortsätze und 1 bis 2 lange unverzweigte Fortsätze.	weiträumiger Kontakt zu einer Vielzahl anderer Nervenzellen zum Zwecke der Aufnahme und Weitergabe von Erregungen.
Bindegewebszelle (Fibrozyte): 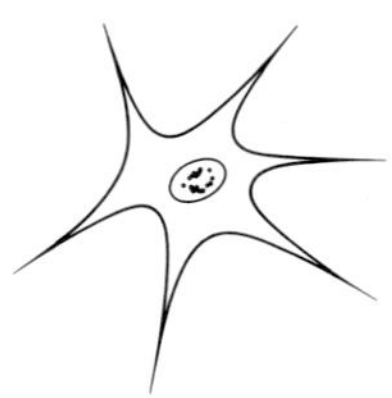	Zelle besitzt dünne Zellausläufer, welche mit anderen Bindegewebszellen ein dreidimensionales Netz bilden.	Stütz- und Gerüstfunktion in Körperorganen.

Siebzelle (Siebröhre): 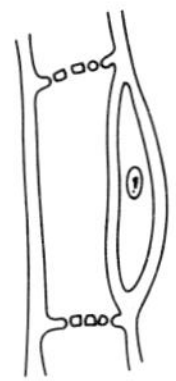	langgestreckte Zelle, Querwände siebartig durchbrochen mit durchgehenden Plasmasträngen, Geleitzelle mit Zellkern.	Stoffleitung bei Pflanzen
Speicherzelle (aus dem Speichergewebe der Kartoffel): 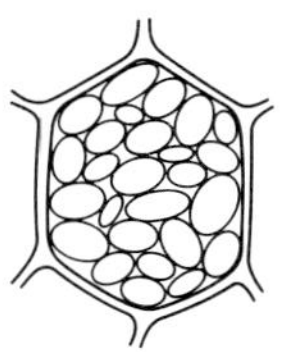	regelmäßig gebaute Zellen, gefüllt mit Stärkekörnern	Speicherung von Stärke als Reservestoff

Gewebe	Zellverband, welcher aus Zellen gleicher Gestalt und Leistung besteht. Man unterscheidet vier große Gewebegruppen: Deckgewebe (Epithelgewebe), Binde- und Stützgewebe, Muskelgewebe und Nervengewebe. Eine Sonderform bilden die freien Zellen in der Körperflüssigkeit.
Organ	Zusammenschluß mehrerer unterschiedlicher Gewebe zu einem deutlich abgegrenzten Teil eines Körpers, welcher eine bestimmte Aufgabe erfüllt.
vielzelliger Organismus	Zusammenschluß von Organen zu einer komplexeren Funktionseinheit.

7.2 Zelltheorie

Die Erkenntnisse der Zellbiologie und die Untersuchungen vom Aufbau der Organismen werden von der Zelltheorie in grundlegenden Aussagen zusammengefaßt:
- Alle Lebewesen sind aus Zellen aufgebaut (M. Schleiden und T. Schwann).
- Neue Zellen gehen nur durch Teilung aus bereits existierenden Zellen hervor (jede Zelle stammt von einer früheren Zelle ab, R. Virchow).
- Zellen bilden die kleinsten, selbständig lebensfähigen Einheiten.
- Zellen spezialisieren sich im Laufe ihrer Entwicklung für unterschiedliche Funktionen; sie weichen deshalb in ihren Formen und Inhaltsstoffen voneinander ab (Zelldifferenzierung).

7.3 Aufgabenbeispiele

Aufgabe 1:
Legen Sie dar, inwiefern bei Volvox (Grünalgenkolonie mit bis zu 20 000 Einzelzellen in einer Gallerthohlkugel) bereits eine funktionsspezifische Differenzierung von Zellen mit entsprechender Arbeitsspezialisierung vorliegt!

Lösung 1:

funktionsspezifische Zelldifferenzierung	Arbeitsspezialisierung
Die in Bewegungsrichtung der Kolonie vorne gelegenen Zellen weisen einen größeren Augenfleck (Stigma) auf als die des hinteren Abschnittes, außerdem sind sie lichtempfindlicher als die übrigen.	besondere Bedeutung dieser Zellen für die Orientierung der Kolonie aufgrund von Lichtreizen (Phototaxis).

Am Hinterende der Kolonie liegen wenige besonders große Zellen.	ungeschlechtliche Fortpflanzung durch Teilung, Bildung von Tochterkolonien in der Mutterkugel.

Die Fortbewegung der Volvoxkolonie geschieht durch gemeinsamen koordinierten Schlag der beiden nach außen gekehrten Geißeln aller Zellen. Ebenso ist auch für die Ernährung keine funktionsspezifische Differenzierung bestimmter Zellen zu beobachten: Jede Einzelzelle steht mit den benachbarten Zellen durch feine Plasmabrücken in Verbindung, durch welche der Stoffaustausch untereinander geschieht, wobei auch jede einzelne Zelle in der Lage ist, Stoffe aus der Umgebung aufzunehmen oder Stoffe auszuscheiden.

Aufgabe 2:
Erläutern Sie für die folgenden Beispiele von Tier- und Pflanzenzellen die funktionsspezifische Zelldifferenzierung!

Lösung 2:

Zelltyp	funktionsspezifische Zelldifferenzierung
Drüsenzelle	besondere Art der Deckgewebszelle mit reichhaltigem endoplasmatischen Retikulum und Golgi-Apparat und besonderer Befähigung zur Exozytose.
Muskelzelle	langgestreckt; besitzt Myofibrillen, besonders reichhaltig an Mitochondrien.
Nervenzelle	besitzt eine Vielzahl von Fortsätzen und besondere Einrichtungen zum Aufbau elektrischer Potentiale und deren Weiterleitung.
Siebzelle (aus dem Leitungsgewebe von Pflanzen)	langgestreckt; siebartig durchbrochene Querwände; die weitlumige Zelle besitzt wenig Plasma; plasmareiche Geleitzelle zur Ernährung.
Assimilationszelle (aus dem Palisadengewebe eines Blattes)	langgestreckt; reich an Chloroplasten.
Speicherzelle (aus pflanzlichem Speicherorgan, z.B. Knolle)	relativ groß; dicht gefüllt mit Stärkekörnern.
Steinzelle (Sklereide, z.B. im Fruchtfleisch der Birne)	isodiametrisch und polyedrisch; Zellwände allseitig stark verdickt und verholzt; führen runde röhrenförmige unverzweigte oder verzweigte Tüpfel.

Aufgabe 3:
Erläutern Sie den Begriff „Organ“ am Beispiel der menschlichen Haut!

Lösung 3:
Ein Organ ist ein Zusammenschluß mehrerer unterschiedlicher Gewebe zu einem deutlich abgegrenzten Teil des Körpers und erfüllt bestimmte Aufgaben.
Die Aufgaben der Haut sind vielfältig: Die Haut dient dem Schutz der darunterliegenden Organe und auch der Atmung, sie ist außerdem Ausscheidungsorgan, Temperaturregelungsorgan und Sinnesorgan.
Entsprechend zahlreich und vielfältig sind die in der Haut vorkommenden Gewebe:
Die Oberhaut (Epidermis) ist ein vielschichtiges Epithel aus Keimschicht und Hornschicht.
Die darunterliegende Lederhaut (Corium) besteht aus Bindegewebe, dessen Zellen elastische Fasern ausscheiden.
Die unterste Schicht ist das Unterhautbindegewebe (Unterhautfettgewebe) mit mehr oder weniger ausgeprägtem Anteil an Fettzellen.
In die Haut eingelagert sind außerdem Sinnesorgane für Druck-, Tast- und Temperaturempfindungen, Schweiß- und Talgdrüsen sowie Muskeln und Bildungsgewebe für Haare.
Ferner wird die Haut von einem Netz von Blutkapillaren und Nervenfasern durchzogen.

8. Kapitel: Erläuterungen zur Abiturprüfung

8.1 Anforderungen in der schriftlichen Abiturprüfung

8.1.1 Anforderungsbereiche

In der bereits eingangs erwähnten Vereinbarung der Kultusminister über „Einheitliche Prüfungsanforderungen in der Abiturprüfung", werden drei sogenannte Anforderungsbereiche formuliert, die eine gemeinsame Grundlage für die Erstellung von Abituraufgaben bilden.

Die im folgenden beschriebenen Anforderungsbereiche stellen zwar auch eine Abstufung nach der Schwierigkeit der Aufgabe dar, sie charakterisieren aber vor allem den Grad an Selbständigkeit bei der geistigen Arbeit.

Der Anforderungsbereich I umfaßt

- Wiedergabe von Sachverhalten (z.B. Daten, Fakten, Regeln, Formeln, Aussagen) aus einem begrenzten Gebiet und in einem gelernten Zusammenhang;
- die Beschreibung und Verwendung gelernter und geübter Arbeitstechniken und Verfahrensweisen in einem abgegrenzten Gebiet und in einem wiederholenden Zusammenhang.

Dazu können beispielsweise gehören:

- Wiedergeben einer im Unterricht behandelten Definition;
- Darstellen der aus dem Unterricht bekannten Bausteine der Zelle;
- Beschreiben eines Graphen.

Der Anforderungsbereich II umfaßt

- selbständiges Auswählen, Anordnen, Verarbeiten und Darstellen bekannter Sachverhalte unter vorgegebenen Gesichtspunkten in einem durch Übung bekannten Zusammenhang;
- selbständiges Übertragen des Gelernten auf vergleichbare neue Situationen, wobei es entweder um veränderte Fragestellungen oder um veränderte Sachzusammenhänge oder um abgewandelte Verfahrensweisen gehen kann.

Dazu kann u.a. gehören

- Zuordnen und Ergänzen der Aussagen eines Textes zu einem Graphen;
- Anfertigen einer Zeichnung eines experimentell behandelten Blattquerschnitts;
- Erörtern von vorher nicht bekannten Versuchsergebnissen.

Der Anforderungsbereich III umfaßt planmäßiges Verarbeiten komplexer Gegebenheiten mit dem Ziel, zu selbständigen Gestaltungen bzw. Deutungen, Folgerungen, Begründungen, Wertungen zu gelangen. Dabei werden aus den gelernten Denkmethoden bzw. Lösungsverfahren die zur Bewältigung der Aufgaben geeigneten selbständig ausgewählt und einer neuen Problemstellung angepaßt.

Dazu kann u.a. gehören
- selbständiges Entwickeln von Arbeitshypothesen aus Ergebnissen mehrerer Experimente;
- Entwickeln einer Arbeitshypothese aufgrund eines Gedankenexperiments mit neuer Problemstellung;
- planmäßiges Auswählen und Entwickeln einer geeigneten Untersuchungsmethode;
- methodenkritisches Erörtern von verwendeten Arbeitsverfahren.

Eine Prüfungsaufgabe für die schriftliche Abiturprüfung soll sich auf alle drei beschriebenen Anforderungsbereiche erstrecken. Die Prüfungsaufgabe erreicht dann ein angemessenes Niveau, wenn das Schwergewicht der zu erbringenden Prüfungsleistungen im Anforderungsbereich II liegt und daneben die Anforderungsbereiche I und III berücksichtigt werden, und zwar Anforderungsbereich I in deutlich höherem Maße als Anforderungsbereich III.

8.1.2 Arten und Aufbau von Abiturprüfungsaufgaben im Fach Biologie

Eine Prüfungsaufgabe kann entweder aus einer einzigen Aufgabe (gegliedert in Teilaufgaben) bestehen, oder sie ist aus mehreren voneinander unabhängigen Aufgaben zusammengesetzt (siehe Seite 87 bzw. Seite 90).

Besteht die Prüfungsaufgabe aus mehreren thematisch verschiedenen Aufgaben, so soll die Anzahl dieser vom Prüfling zu bearbeitenden Aufgaben so begrenzt werden, daß mit jeder Aufgabe eine selbständige, anspruchsvolle Prüfungsleistung möglich ist.

8.1.3 Formale Gesichtspunkte bei der schriftlichen Ausarbeitung der Abituraufgaben

Bei der schriftlichen Bearbeitung der Abituraufgaben sollten Sie unbedingt auf das Erreichen einer **übersichtlichen Gesamtanlage** achten.

Zu einer solchen Übersichtlichkeit gehört zunächst ein gut leserliches und insgesamt deutliches **Schriftbild** und – soweit nötig – klare und übersichtlich strukturierte **Zeichnungen**. Auf diese Weise lassen sich beim Korrigierenden mit einfachsten Mitteln Mißverständnisse vermeiden, die sich bei der Beurteilung nur nachteilig auswirken können.

Das Einhalten eines **Randes** und die **Gliederung des Textes** in Sinnabschnitte trägt nicht nur zu einer größeren Übersichtlichkeit bei, sondern auch – in Zusammenhang mit den oben erwähnten Gesichtspunkten – zu einem positiven optischen Gesamteindruck. Der Korrigierende wird sich von vornherein gern und interessiert mit dem Geschriebenen auseinandersetzen.

Bei mehrseitigen Ausführungen, wie sie im schriftlichen Abitur wohl anzunehmen sind, sind **numerierte Seiten** sowie Hinweise auf Fortsetzung des

Textes auf Seiten anderer Bögen unerläßlich. Ergänzende Abschnitte können so nicht übersehen werden.

Beachten Sie unbedingt die Regeln für **Rechtschreibung, Zeichensetzung** und **Grammatik**; sie sind notwendig für die Klarheit dessen, was Sie mitteilen wollen. Unter Umständen könnten positive Gedankenansätze bei der Beurteilung nicht berücksichtigt werden, weil sie durch fehlerhafte Anwendung der Regeln im Schriftbereich nicht klar genug zum Ausdruck kommen.

Noch einmal: Achten Sie bei der schriftlichen Ausfertigung auf eine möglichst große Klarheit in der Darstellung; sie erleichtert die eigene gedankliche Durchdringung des Problems, sie läßt beim Korrigierenden keine Mißverständnisse aufkommen und versetzt ihn in eine positive Grundstimmung – schon vor der Auseinandersetzung mit dem Text.

Diese psychologische Wirkung sollten Sie nicht gering einschätzen!

8.1.4 Sachliche Gesichtspunkte bei der schriftlichen Ausarbeitung von Abituraufgaben

Achten Sie sehr darauf, daß die Beantwortung der Aufgabenstellungen nicht nur **richtig**, sondern auch **vollständig** geschieht! Dies setzt natürlich voraus, daß der Aufgabentext vorher gründlich durchgelesen wird. Unterzieht man sich dieser Mühe, dann läßt sich leicht ein anderer, aber häufiger Fehler vermeiden: **Aufgabenstellung und Antwort passen nicht zueinander** bzw. die Antwort geht an der Aufgabe vorbei und muß als falsch gewertet werden. Um eine möglichst große **Klarheit** in Ihren Aussagen zu ereichen, sollten Sie auch um eine **gedanklich logische Verknüpfung** der Einzelsätze bemüht sein. Eine Satzreihung, bei der einzelne Sätze ohne inneren Bezug hintereinander stehen, kann zur Verwirrung des Korrigierenden beitragen oder erschwert zumindest das Verständnis. Haben Sie Schwierigkeiten beim schriftlichen Niederlegen Ihrer Gedanken, empfiehlt sich eine zumindest abschnittsweise Vorformulierung des Textes und eine anschließende Übertragung in die Reinschrift.

Abschließend sei noch bemerkt, daß die Qualität einer Darstellung sehr stark vom treffsicheren Gebrauch von Ausdrücken abhängt. Der Mehraufwand für das Suchen **qualifizierter Fachausdrücke** lohnt sich bestimmt. In diesem Zusammenhang sei auch auf den notwendigen und richtigen Gebrauch der **Fachsprache** hingewiesen!

8.2 Die Vorbereitung auf die Abiturprüfung

Die Stoffülle, die Sie in einem Fach für die Abiturprüfung zu beherrschen haben, ist beträchtlich. Allein unter Berücksichtigung des Zeitansatzes von fünf Wochenstunden Unterricht über einen Zeitraum von vier Halbjahren in der Studienstufe ergibt sich eine vorzubereitende Menge an Lehrstoff, die ohne systematische Vorgehensweise nicht zu bewältigen ist. Die Aufstellung eines **Zeitplans** und der **frühzeitige Beginn der Vorbereitungsphase** (schon im Halbjahr 13/2) sind daher unbedingt notwendig.

Grundlagen Ihrer Vorbereitung sollten das im Unterricht verwendete **Lehrbuch** und Ihre **Mitschriften** sein. Der Stoff des vorausgegangenen Unterrichts liefert nämlich die Voraussetzung für die Abituraufgaben. Außerdem geben die im Unterricht angefertigten Notizen Auskunft über Schwerpunktsetzungen durch den Lehrer, wodurch natürlich die Vorbereitung wesentlich erleichtert wird. Mitschriften stellen jedoch nur dann echte Hilfen dar, wenn der Unterricht der letzten Schuljahre regelmäßig und unter stetiger, intensiver Mitarbeit besucht wurde!

Es empfiehlt sich, entsprechend Ihrem Zeitplan, den vorzubereitenden Stoff in **Stoffabschnitte** einzuteilen. Beim vorliegenden Thema „Zellbiologie" könnten das z.B. die Teilthemen sein, wie sie in den Überschriften der Kapitel 2–7 zum Ausdruck kommen. Sie können natürlich Ihre Einteilung auch nach dem Konzept Ihres vorausgegangenen Unterrichts vornehmen, wobei sich dann andere Einheiten oder andere Reihenfolgen ergeben. Wichtig ist, daß die Stoffabschnitte nicht zu umfassend gewählt werden, sondern einen relativ engbegrenzten Zusammenhang beinhalten, damit sie überschaubar bleiben. Durch diese Strukturierung läßt sich der gesamte Stoff leichter merken und gegebenenfalls kurz wiederholen.

Sie sollten sich prüfen, ob Sie das auf Seite 9 angesprochene allgemeine Grundlagenwissen als eigenen Stoffabschnitt ansehen wollen oder nicht. Wenn Sie sich über die Gliederung der Abschnitte klar geworden sind, beginnen Sie mit der Durcharbeitung des Lehrstoffes. Gehen Sie dabei so vor, daß Sie vor dem eigentlichen Lernen und Einprägen **zunächst alle Verständnisschwierigkeiten ausräumen!**

Zur Überprüfung, ob Sie das Wesentliche an einem Problem erfaßt haben, können Sie sich folgende Hilfen geben:
- Stellen Sie sich die Fragen: Was ist eigentlich gemeint? Was soll ausgedrückt werden?
- Geben Sie sich die Antworten in eigenen Sätzen, ohne die Arbeitsvorlagen zu Hilfe zu nehmen!
- Stellen Sie Vergleiche mit anderen, aber ähnlichen Phänomenen an; klären Sie dabei Ähnlichkeiten und Unterschiede!
- Überlegen Sie sich selbst Anwendungsbeispiele!
- Besorgen Sie sich u.U. weiterführende Literatur, eventuell solche mit Aufgabenstellungen!

Nachdem Sie alle fachlichen Probleme beseitigt haben, können Sie dazu übergehen, sich den Stoff einzuprägen. Achten Sie aber dabei darauf, daß Sie **nicht alle Inhalte einfach auswendig lernen!** Dies würde bei der Stoffülle und den vielen Details ohnehin nur sehr bedingt zu schaffen sein. Stellen Sie vielmehr die im Text angesprochenen Probleme in den Vordergrund, und richten Sie darauf Ihr Augenmerk! Formulieren Sie zunächst die wesentlichen Gedanken zum jeweiligen Problem (eventuell schriftlich)! Beispiele und zugehörige Details haben nun einen „Aufhänger" und können sich leichter einprägen.

Im Gegensatz dazu sollten Sie sich allerdings **wichtige Definitionen und Gesetze** sowie die Bedeutungen von **Fachausdrücken** dem **Wortlaut** nach einprägen.

Gehen Sie auf diese Art und Weise alle Abschnitte des gesamten Themas nach und nach entsprechend Ihrem Zeitplan durch. Als sehr vorteilhaft hat sich herausgestellt, wenn dabei der Stoff in wesentlichen Punkten (siehe oben!) mitnotiert wird. Sie erhalten damit zum Schluß ein handliches „Konzentrat" des gesamten Gebietes, mit welchem sich gut bei der sich jetzt anschließenden **Wiederholungsphase** arbeiten läßt.

Ihren Zeitplan sollten Sie so einrichten, daß einige Tage vor dem Prüfungstermin zumindest keine neuen Stoffgebiete mehr vorzubereiten sind. Die verbleibende Zeit ist einfach zu kurz, als daß neuer Stoff noch fester Bestand Ihres Wissens werden könnte. Außerdem ist die Gefahr sehr groß, daß bereits vorhandenes Wissen „zugeschüttet" oder mit dem neuen durcheinandergebracht wird.

8.3 Hinweise zum Vorgehen bei der Bearbeitung von Aufgaben in der schriftlichen Abiturprüfung

Stellen Sie sich zu Beginn der Prüfung einen **Zeitplan** auf! Kalkulieren Sie dabei auch **Arbeitspausen** ein und genügend Zeit, das Geschriebene noch einmal durchzusehen!

Lesen Sie alle Aufgaben, die zu einem Themengebiet gehören, in **Ruhe** im Zusammenhang durch! Geraten Sie beim Auftreten von Unklarheiten oder Verständnisschwierigkeiten nicht gleich in Panik! Probleme lassen sich nur durch Nachdenken und in Ruhe lösen. Bedenken Sie auch, daß sich vieles zunächst „schlimmer" anhört, als es sich nach einiger Zeit der Auseinandersetzung darstellt!

Bearbeiten Sie die Aufgaben in der **vorgegebenen Reihenfolge!** Die einzelnen Aufgaben sind in der Regel so abgefaßt, daß sie vom einfacheren zum komplexeren Sachverhalt fortschreiten. Damit liefern die vorherigen Aufgaben bzw. deren Lösungen die gedanklichen Voraussetzungen für die darauffolgenden Probleme. Beginnen Sie also nicht mit Teilaufgaben, die Ihnen zunächst leichter erscheinen; diese Vorgehensweise wäre unökonomisch.

Wenn Sie allerdings merken, daß Sie bei einer Aufgabe tatsächlich nicht mehr weiterkommen, dann sollten Sie sich nicht festbeißen, sondern zügig zur nächsten Aufgabe übergehen. Nach längerer Auseinandersetzung mit dem gesamten Problemkreis wird Ihnen manches mit der Zeit klar. Lassen Sie daher in Ihrem Skript genügend Platz, um eventuell später das Fehlende nachzutragen!

Überlegen Sie bei jeder einzelnen Aufgabe genau, wo das **eigentliche Problem** liegt! Klären Sie, was noch zum weiteren Zusammenhang gehört! Grenzen

Sie die Problemstellung gegenüber unwesentlichen und nicht mehr zum Thema gehörenden Aspekten ab!

Wenn Sie sich über die Problemstellung ausreichend klargeworden sind, sollten Sie sich nun überlegen, wie Sie die Problemlösung angehen. Stellen Sie sich in diesem Zusammenhang die Fragen:

- Welche **Lösungsansätze** sind in den Informationen der **Aufgabenstellung** mit den dazugehörigen Unterlagen (Text, Abbildungen) bereits enthalten?
- Welche Informationen habe ich selbst dazu in meinem **eigenen Wissensbesitz**?

Achten Sie bei Ihren schriftlichen Ausführungen auf **gedankliche Vollständigkeit**! Haben Sie, wie oben geschildert, bei der Problemsichtung Unwesentliches vom Wesentlichen getrennt, so sollten Sie nun alle Teilaspekte, welche zum Gesamtproblem gehören, auch aufgreifen und zu Papier bringen. Machen Sie also nicht den Fehler und verfallen angesichts der Fülle der zu bewältigenden Arbeit in eine gewisse „Schreibfaulheit"! Auf der anderen Seite sollte Sie bedenken, daß Ihre Darstellung durch Wiederholungen oder bloße Umformulierungen an neuen gedanklichen Ansätzen verarmt und somit in Geschwafel ausartet.

Formulieren Sie – zumindest bei schwierigen Passagen – Ihre Gedanken schriftlich **zunächst auf Konzeptpapier** vor, und fertigen Sie erst anschließend die Reinschrift an! Das ist nicht nur für ein angenehmeres Schriftbild förderlich, es trägt vor allem dazu bei, daß Sie und der Korrigierende einen besseren Durchblick haben. Letztlich wird Ihnen dadurch ein treffsicherer Gebrauch von **Fachausdrücken** gelingen.

Nehmen Sie sich nach Bearbeitung aller Teilaufgaben zu einem Thema die Zeit, noch einmal alles durchzusehen! Dabei lassen sich wichtige Ergänzungen anbringen und fachliche Fehler korrigieren.

8.4 Aufgabenbeispiele für die schriftliche Abiturprüfung

Die Bearbeitungszeit für folgende Abituraufgabe soll maximal 120 Minuten betragen. Davon entfallen auf

Durchlesen der Aufgabenstellung zu Beginn	ca. 10 Minuten,
abschließendes Durchlesen	ca. 10 Minuten,
Pausen	ca. 10 Minuten.

Insgesamt verbleiben also rund 90 Minuten als reine Arbeitszeit. Für die Beanwortung jeder einzelnen der 5 Teilaufgaben können demnach 18 Minuten verwendet werden. Die Zeitangabe von 18 Minuten ist natürlich ein Durchschnittswert, er kann nur als Richtzeit angesehen werden: Einzelne Aufgaben werden weniger Zeit erfordern, bei den anderen Aufgaben kann dafür etwas länger verweilt werden. Berücksichtigen Sie den höheren Zeitaufwand, wenn Sie auf Konzeptpapier vorformulieren!

Die Prüfungsaufgabe besteht aus einer einzigen Aufgabe, die allerdings in Teilaufgaben unterteilt ist, welchen gemeinsames Arbeitsmaterial zugrunde liegt. Der Typ dieser Prüfungsaufgabe ist also der 1. der auf Seite 82 erwähnten beiden Arten.

Die Aufgaben 1.1., 1.2. und 1.3. können wohl den Anforderungsbereichen I–II (Reproduktion – Transfer) zugeordnet werden, da im vorausgegangenen Unterricht zumindest 1 ähnliches Aufgabenbeispiel vorgestellt worden sein dürfte. Neben Wiedergabe von gelernten und geübten Sachverhalten wird in den vorliegenden Aufgaben auch ein Übertragen auf neue Situationen gefordert.

Ist im Unterricht im Zusammenhang mit Carriertransport nicht auf „Sättigung" und „Sättigungskurve" eingegangen worden (sondern bei einem ganz anderen Thema und zu einem ganz anderen Zeitpunkt), so wird bei Aufgabe 1.4. ein höheres Maß an Selbständigkeit verlangt als bei den vorherigen Teilaufgaben. Diese Aufgabe geht über den Anforderungsbereich II hinaus und gehört somit in den Anforderungsbereich III.

Ist das Problem der Aufgabe 1.4. erst einmal erkannt worden, dann ergibt sich für die Aufgabe 1.5. der Anforderungsbereich II.

1. Aufgabenstellung:

1.1. Erläutern Sie anhand der beiden Kurven die Beobachtungsergebnisse der ersten Abbildung!

1.2. Erklären Sie die Beobachtungen der ersten Abbildung!
Beziehen Sie bei Ihren Darlegungen – soweit vom Sachzusammenhang her erforderlich – den Aufbau der Zelle mit ein!

1.3. Welche Kurvenverläufe sind zu erwarten, wenn man anstelle einer Glycerinlösung eine Saccharoselösung gleicher Konzentration nimmt?
Begründen Sie Ihre Antwort!

1.4. Die Beobachtungen in der zweiten Abbildung widersprechen in gewissem Sinne denjenigen bei der lebenden Zelle in der ersten Abbildung.
Welches sind die Widersprüche?
Erklären Sie die Gründe dafür!

1.5. Entwickeln Sie eine Modellvorstellung zu der Art des Stofftransports in der Zelle wie er der zweiten Abbildung zugrunde liegt!

2. Material:

2.1. Bestimmte Zellen in Trieben der in Teichen und Bächen lebenden quirlförmig verzweigten Armleuchteralge Chara sind so groß, daß man sie „anzapfen" und ihren Vakuoleninhalt analysieren kann. Legt man die Alge in 0,25 molare Glycerinlösung, so erhält man z.B. folgende Beobachtungsergebnisse:

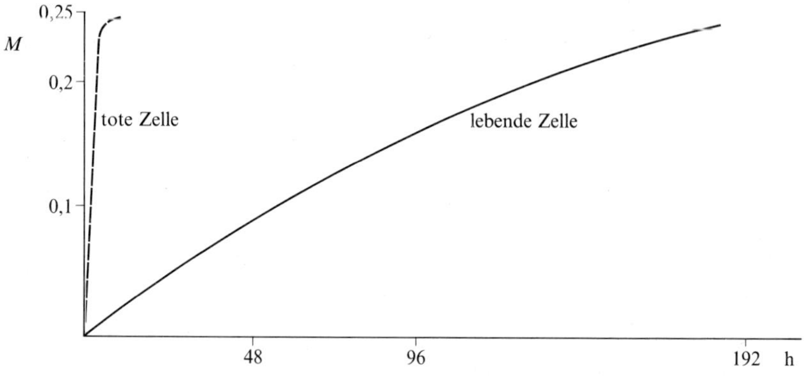

Zeitlicher Verlauf des Eindringens von Glycerin in eine Charazelle; Abszisse: Zeit; Ordinate: molare Konzentration von Glycerin im Vakuolensaft. Charazellen lassen sich durch kurzfristiges Erhitzen auf 100°C abtöten.

2.2. Bei der Untersuchung der Geschwindigkeit der Kaliumaufnahme bei Wurzelzellen der Gerste konnten Wissenschaftler die in der folgenden Abbildung dargestellte Beziehung finden:

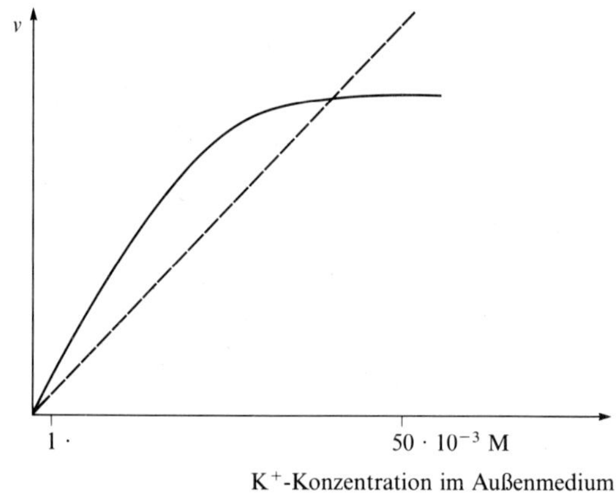

Geschwindigkeit der Kaliumaufnahme bei Gerstenwurzeln in Abhängigkeit von der Kaliumkonzentration im Außenmedium (gestrichelte Kurve: theoretisch zu erwartender Verlauf bei Annahme reiner Diffusion).

(Verändert nach: Tanner, W.: Stofftransport durch Biomembranen; Biologie in unserer Zeit, Heft 5, Verlag Chemie GmbH, Weinheim 1973.)

3. Lösungen:

1.1. Die beiden Kurven der ersten Abbildung zeigen, wie schnell Glycerin bei einer gegebenen Außenkonzentration von 0,25 Mol/Liter in Charazellen eindringt und ein Konzentrationsausgleich erfolgt.
Bei der lebenden Zelle vergingen etwa 192 Stunden bis die Innenkonzentration an Glycerin diejenige des Außenmediums erreichte.
Bei der abgetöteten Zelle trat der Konzentrationsausgleich bereits nach wenigen Stunden (ca. 5 Stunden) ein. Die Wanderung von Glycerin von außen nach innen erfolgt bei der lebenden Zelle also etwa 32mal langsamer als bei der toten Zelle.

1.2. Beim Abtöten der Charazellen durch kurzfristiges Erhitzen auf 100°C werden u.a. die Zytoplasmamembranen geschädigt: Sowohl das Plasmalemma als auch der Tonoplast können nun nicht mehr als Barriere für das Glycerin wirken. Dieses kann nun fast ungehindert in die Zelle diffundieren, so daß nach relativ kurzer Zeit ein Konzentrationsausgleich an Glycerin zwischen Außen- und Innenmedium erreicht wird.
Demgegenüber zeigt sich bei der lebenden Zelle, daß die äußere und die innere Zytoplasmamembran als Diffusionsbarriere für Glycerin auftreten und somit einen Transportwiderstand darstellen.
Verantwortlich für diese Eigenschaft der Zellmembranen sind die in Biomembranen auftretenden Lipidanteile: das Glycerinmolekül ist wegen seiner 3 alkoholischen OH-Gruppen polar gebaut und daher nur schlecht in der Lage, die im wesentlichen hydrophobe Doppellipidschicht der Membran zu permeieren.
Auch die polaren Membrananteile der Porenproteine stellen für die Glycerinmoleküle keine gute Möglichkeit dar zu passieren, da deren Durchmesser relativ groß ist, was durch die Hydrathülle noch verstärkt wird.

1.3. Nimmt man anstelle einer Glycerinlösung eine Saccharoselösung, so wird die Kurve der toten Zelle etwa derjenigen für Glycerin entsprechen, da die abgetöteten Zellmembranen keinen größeren Diffusionswiderstand entgegensetzen können.
Bei der lebenden Zelle dagegen ist mit einem wesentlich flacheren Kurvenanstieg zu rechnen, was bedeutet, daß der Konzentrationsausgleich zeitlich viel später erfolgt (nach Literaturangaben permeiert Saccharose etwa 25mal langsamer als Glycerin). Der Grund dafür liegt in dem vergleichsweise wesentlich größeren Moleküldurchmesser der Saccharose.
Saccharose ist ein Disaccharid und besteht aus einer α-Glucose und einer β-Fructose in 1,2-glykosidischer Bindung.

1.4. Laut Abbildung steigt die Geschwindigkeit der Aufnahme für Kaliumionen bei Gerstenwurzeln mit steigender K^+-Ionen-Konzentration im Außenmedium an; sie liegt sogar höher als die theoretisch zu erwartende Aufnahmegeschwindigkeit. Allerdings verringert sich später die Geschwindigkeit der Kaliumaufnahme und erreicht bei einer Konzentration von etwa $40 \cdot 10^{-3}$ Mol/Liter einen Maximalwert und läßt sich auch bei höheren K^+-Ionen-Konzentrationen im Außenmedium nicht mehr vergrößern.

Diese Beobachtungen widersprechen denjenigen bei der lebenden Charazelle in der ersten Abbildung insofern, als daß bei den Zellen der Gerstenwurzeln kein Konzentrationsausgleich zwischen Außen- und Innenmedium erreicht wird: Der Transport von Kaliumionen durch die Zellmembran kommt schon vorher zum Stillstand.

Erklärung:
Würde der Kationentransport in die Zellen der Gerstenwurzeln auf Diffusion beruhen, dann sollte die Aufnahmegeschwindigkeit für K^+-Ionen direkt proportional zum Konzentrationsunterschied zwischen außen und innen sein, und man sollte eine Grade als Kurve für die Abhängigkeit erwarten.

Die Beobachtung zeigt aber das typische Bild einer Sättigungskurve, was darauf hindeutet, daß der Kationentransport durch eine katalytische Reaktion zustande kommt. Da nur eine bestimmte Menge des entsprechenden Katalysators in der Membran zur Verfügung steht, kann die Transportgeschwindigkeit nicht beliebig erhöht werden: Die Menge der vorhandenen Katalysatormoleküle wird zum begrenzenden Faktor, und im Sättigungsbereich sind alle Katalysatoren besetzt.

1.5. Aus dem bisher Gesagten folgt, daß der K^+-Ionen-Transport durch die Zellmembran von außen nach innen mittels sogenannter Carrier geschehen muß. Die membrangebundenen Carriermoleküle gehen an der Außenseite der Zellmembran mit dem zu transportierenden Substrat, in diesem Fall den K^+-Ionen, einen Komplex ein und ändern ihre Konformation so, daß die K^+-Ionen an die Membraninnenseite zu liegen kommen. Dort wird das K^+-Ion abdissoziiert und der Carrier steht nach Rückbildung der Ausgangskonformation wieder zur Aufnahme eines weiteren Ions zur Verfügung.
Denkbar wäre auch, daß der Carriertransport mit einer Energieleistung der Zelle in Form von ATP-Verbrauch einhergeht.

Nachfolgend wird Ihnen ein weiteres Beispiel für eine Abiturprüfungsaufgabe vorgestellt. Im Unterschied zu der vorherigen ist diese Aufgabe vom zu bewältigenden Stoffumfang her jedoch geringer anzusetzen, so daß dafür auch eine kürzere Bearbeitungszeit vorgesehen werden muß.
Um aber eine angemessene Leistungsanforderung im Abitur zum Thema „Zellbiologie“ bei einer Bearbeitungszeit von 120 Minuten zu erreichen, müßte dann noch eine weitere Aufgabe mit ähnlichem Charakter hinzukommen.

Die gesamte Prüfungsanforderung bestünde dann also aus zwei thematisch voneinander verschiedenen Aufgaben und würde somit ein Beispiel für den 2. Typ der auf Seite 82 erwähnten Aufgaben darstellen.

1. Aufgabenstellung:

1.1. Was versteht man allgemein unter der Methode der radioaktiven Markierung in der Biologie und Medizin?
Erläutern Sie diese Methode!

1.2. Erläutern Sie die Arbeitsschritte, welche notwendig waren, um die Beobachtungsergebnisse (siehe Abbildung) zu erhalten!

1.3. Beschreiben Sie die Beobachtungsergebnisse!

1.4. Erklären Sie den Verlauf der Radioaktivitätskurven in Zusammenhang mit den Transportvorgängen im Endomembransystem der Zelle!

2. Material:

Ergebnisse einer radioaktiven Markierung von Exportproteinen im Endomembransystem von Zellen:

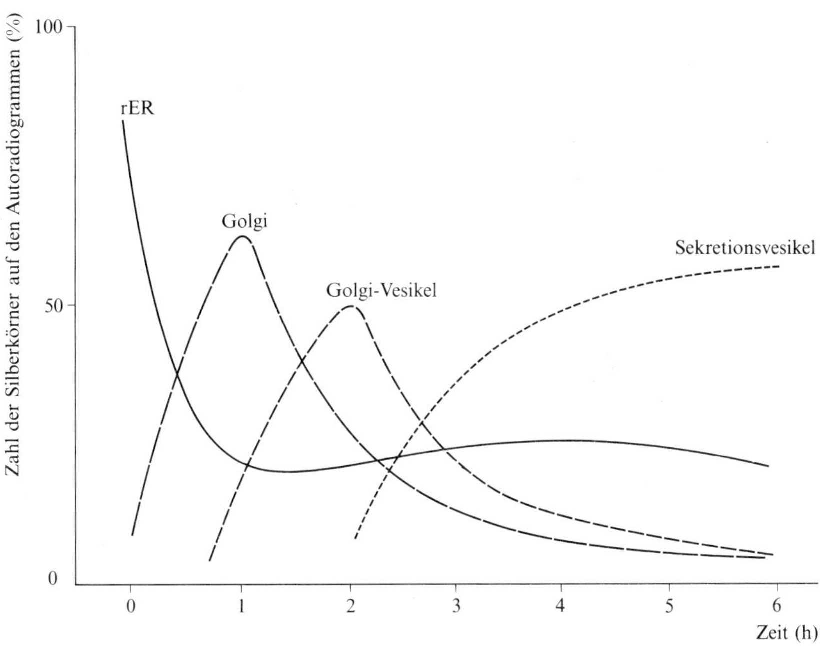

(aus: Högermann, C.: Serie „Zellorganellen", Praxis der Naturwissenschaften – Biologie, 1/41; Aulis-Verlag Deubner, Köln 1992)

3. Lösungen:

1.1. Siehe Kapitel 2: Methoden der Zellforschung, Seite 18.

1.2. Lebenden Zellen wurden radioaktiv markierte Aminosäuren angeboten. Um den weiteren Weg dieser Aminosäuren bzw. der aus ihnen synthetisierten Verbindungen in der Zelle zu verfolgen, mußten die Zellorganellen bzw. deren Bestandteile isoliert (Dichtegradientenzentrifugation) und ihr Gehalt an Radioaktivität bestimmt werden: Dort, wo Radioaktivität auftrat, mußten sich die gesuchten Verbindungen befinden. Da der Verlauf der Radioaktivität in den Zellorganellen über einen längeren Zeitraum (6 Stunden) festgestellt werden sollte, mußte eine größere Anzahl von immer wieder neuen Versuchsansätzen gemacht und jeweils nach unterschiedlich langen Zeitabschnitten die Zellinhalte aufbereitet und untersucht werden.

1.3. Beobachtungsergebnisse:
Im Verlauf von 6 Stunden verlagert sich die Radioaktivität innerhalb der Zelle an verschiedene Orte:
Der Hauptteil der Radioaktivität wird nacheinander angetroffen in den Fraktionen des rauhen endoplasmatischen Retikulum (rER), den Dicytosomen des Golgi-Apparates, der Golgi-Vesikel und der Sekretionsvesikel.

1.4. Die Tatsache, daß die Zellorganellen zeitlich nacheinander radioaktiv markiert sind, bedeutet, daß sie auch in dieser zeitlichen Reihenfolge im Stoffwechsel der Zelle aktiv sind: Zunächst werden die aus den markierten Aminosäuren synthetisierten Exportproteine vom Lumen der ER-Zisternen zum Golgi-Apparat gebracht, wo sie für den weiteren Transport eine Aufbereitung erfahren. Anschließend werden die Exportproteine von den sich von den Dictyosomenstapeln des Golgi-Apparates ablösenden Vesikel umschlossen und von ihnen zur Oberflächenmembran der Zelle transportiert, wo sie nach außen abgegeben werden.
Die Sekrete sind also während ihres gesamten Synthese- und Transportweges in das Endomembransystem der Zelle eingeschlossen.

8.5 Die Abiturprüfung

8.5.1 Der Tag der Abiturprüfung

Sie sind nun am Ende Ihrer Vorbereitungen für die Abiturprüfung angelangt. Sie können das beruhigende Gefühl besitzen, alles getan zu haben, was zum erfolgreichen Bestehen der Prüfung notwendig ist; Sie haben die beste Voraussetzung, ohne Hektik die letzte, noch vor Ihnen liegende Klippe zu meistern. Das Einnehmen von Schlaf- oder Beruhigungsmitteln ist überflüssig und auch aus einem ganz anderen Grunde nicht zu empfehlen: Eine gewisse Grundnervosität vor einem derartigen Ereignis ist natürlich und sogar notwendig; der Körper mobilisiert dadurch seine geistigen Kräfte und ist somit für die zu bewältigenden Aufgaben besser gerüstet.

Achten Sie darauf, daß Sie am Morgen des Prüfungstages (und auch an den Tagen davor) gut ausgeschlafen sind! Vermeiden Sie Hektik, indem Sie sicherheitshalber früher als notwendig aufstehen und sich auf den Schulweg begeben! Auf diese Weise lassen sich zeitraubende Zwischenfälle (z.B. Busverspätung) auffangen. Wenn Sie dennoch nicht pünktlich zur Prüfung erscheinen können, sollten Sie umgehend die Schule benachrichtigen.

8.5.2. Die mündliche Abiturprüfung

In der mündlichen Prüfung sind die Aufgabenarten grundsätzlich die gleichen wie bei der schriftlichen Prüfung. Als Ausgangspunkt dient eine begrenzte, gegliederte Aufgabe. Sie wird Ihnen zu Beginn der Vorbereitungszeit schriftlich vorgelegt.

Andererseits stellt das mündliche Abitur eine andere Form der Prüfung dar, womit auch andere Anforderungen verbunden sind: Neben Sachwissen sind Fähigkeiten gefordert, wie z.B. sich sprachlich verständlich und in logischem Zusammenhang auszudrücken, sachgerecht zu argumentieren, auf Fragen und Einwände einzugehen und gegebene Hilfen aufzugreifen. Dazu gehört als einfachste Voraussetzung, daß Sie laut, deutlich und nicht überhastet sprechen. Mit diesem Verhalten zeigen Sie auch, daß Sie sich sicher und den Anforderungen gewachsen fühlen.

Ergreifen Sie die Initiative, indem Sie bei der Beantwortung der Aufgabenstellung von sich aus auf möglichst viele Aspekte eingehen und damit Ihre Kompetenz zeigen! Dadurch werden viele Zwischenfragen des Prüfers überflüssig, und Sie werden nicht von vornherein unnötigerweise in die Defensive gedrängt. Allerdings sollten Sie auch nicht versuchen, das Gespräch unter allen Umständen an sich zu reißen.

Und zum Schluß: Sie haben die „Abiturhilfen" durchgearbeitet und verstanden; Sie waren auch sich selbst gegenüber ehrlich und haben die Hinweise zum Ausgleich möglicher fachlicher Defizite ernst genommen. Sie können also getrost davon ausgehen, daß Sie die besten Voraussetzungen für einen guten Prüfungsverlauf haben. Eigentlich kann nichts mehr schief gehen! Außer, Sie vergessen einen der wichtigsten Grundsätze in allen Prüfungen: die Nerven nicht verlieren!

Lassen Sie sich nicht gleich durch Aufgaben aus der Ruhe bringen, für welche Sie die Lösungen nicht sofort parat haben! Bleiben Sie gelassen und vor allem: Besinnen Sie sich auf Ihr Können! Dies wird Ihnen die nötige Zuversicht und das Selbstvertrauen geben, um mit klarem Kopf an die Lösung der Aufgaben heranzugehen und sie zu einem erfolgreichen Abschluß zu bringen.

Literatur

Empfehlenswerte Literatur zur Vorbereitung:

Allgemeine Unterrichtswerke für Biologie:

Biologie heute S II; Schroedel Schulbuchverlag, Hannover 1985.

Linder, H.: Biologie; J. B. Metzlersche Verlagsbuchhandlung, Stuttgart 1992.

Spezielle Werke zum Thema Zellbiologie:

Bauer, W. und A. Bossler: Die Zelle, CVK-Biologie-Kolleg; Cornelsen Velhagen & Klasing, Berlin 1978.

Ehlers, H., E. und M. Noll: Zellbiologie; Westermann Verlag, Braunschweig 1980.

Jaenicke, J. u.a.: Zellen, Einzeller und andere Mikroben; Schroedel Schulbuchverlag, Hannover 1985.

Jaenicke, J.: Materialien zum Kursunterricht Biologie Teil 1; Aulis Verlag Deubner, Köln 1988.

Masuch, G.: Abiturwissen Zellbiologie: Ernst Klett Verlag, Stuttgart 1989.

Scharf, K.-H. und W. Weber: Cytologie; Schroedel Schulbuchverlag, Hannover 1976.

Schulte, H.: Bau und Funktion der Zelle; Verlag Diesterweg-Sauerländer, Frankfurt am Main 1985.

Vater-Dobberstein, B. und H.-G. Hilfreich: Versuche mit Einzellern; Franckh'sche Verlagshandlung, Stuttgart 1982.

Außer der angeführten Literatur wurden noch die folgenden Quellen benutzt:

Högermann, C.: Serie „Zellorganellen", Praxis der Naturwissenschaften – Biologie, 1/41; Aulis-Verlag Deubner, Köln 1992.

Kleinig, H. und P. Sitte: Zellbiologie – Ein Lehrbuch; Gustav Fischer, Stuttgart, New York 1990.

Mohr, H. und P. Sitte: Molekulare Grundlagen der Entwicklung; BLV Verlagsgesellschaft mbH, München 1971.

Nultsch, W. und A. Grahle: Mikroskopisches Praktikum; Georg Thieme Verlag, Stuttgart 1988.

Schmeil, O.: Lehrbuch der Botanik, bearbeitet von A. Seybold, Bd. II; Quelle & Meyer, Heidelberg 1958.

Sitte P.: Vitalfärbung nach dem Ionenfallen-Prinzip, Biologie in unserer Zeit, 6/2, Verlag Chemie, Weinheim 1972.

Sitte P. u.a.: Strasburger Lehrbuch der Botanik; Gustav Fischer Verlag, Stuttgart 1991.

Tanner W.: Stofftransport durch Biomembranen, Biologie in unserer Zeit, 5/3, Verlag Chemie, Weinheim 1973.

Thews, G. u.a.: Anatomie, Physiologie, Pathophysiologie des Menschen; Wissenschaftliche Verlagsgesellschaft mbH, Stuttgart 1989.